U0359104

苏州市林木种质资源树种图谱

（上）

苏州市农业委员会　编

文匯出版社

编委会

序

揭示苏州林木种质资源的基因密码

在自然界，所有生物都通过自身的遗传，进行着生命的延续和种族的繁衍。“种豆得豆，种瓜得瓜”，就是对遗传现象的生动描述。种质资源就是遗传资源。地球上约有30万种植物，蕴藏着极为丰富的基因资源，只要发掘和利用其中的一小部分，就足以为培育农林新品种开辟广阔天地。随着现代科学的发展，科学家已经将世界上大部分植物有用的基因收集起来，贮存在俗称“种质库”的基因库里。有了这个种质库，科学家能够得心应手地索取任何育种材料，可以直接应用于相关工作，培育所需的有用的新品种。

保护和利用林木种质资源是区域生态安全的基石，在当前，进一步加强对林木种质资源搜集、整理、鉴定、保护、保存和合理利用，事关生态文明建设大局，紧迫而必要。为此，江苏省在2013年启动了全省林木种质资源清查工作，全面深入摸清家底，为“建设经济强、百姓富、环境美、社会文明程度高的新江苏”做出新的贡献。

苏州地势低平，四季分明，境内因地形、纬度等多样化差异，形成各种独特的小气候，林木种质资源丰富，加上引种历史悠久，使苏州植被分布呈现出兼具南北、丰富多彩的特色。这些资源是在不同生态条件下经过上千年的自然演变形成的，蕴藏着各种潜在可利用基因。2013年以来，苏州作为全省试点，率先开展并提前完成了清查工作，并在此基础上建立了苏州市乡土树种种质资源圃，加强了农村散生古树名木保护，规模浩大，财政支持，技术规范，面广质高，为实现林木种质资源的有效保护摸清了家底，为苏州市林木良种工作水平的持续提升提供技术和物质基础，为生态环境建设及经济发展提供多样化的遗传种质材料。

为了充分利用此次全面而珍贵的林木种质资源清查成果，进一步提高全社会对林木种质资源的保护意识，增强我市林木种质资源保护和利用的可持续能力，汇编出版了这本《苏州市林木种质资源树种图谱》。本图谱以全市林木种质资源清查结果为基础，全面、真实、系统地展示了苏州市林木种质资源现状，图文并茂，生动细致地诠释了苏州的林木种质资源及其分布情况和形成原因。这不仅对保护林木种质资源、规范开发合理利用、切实提高保护开发成效极有意义，对普通民众来说也是一个了解吾土吾树的最好途径，让人在感怀乡愁、热爱故土的同时，掩卷思索苏州为何能有如此底蕴的乡土资源，林木资源在可持续发展的生态链中有何等的重要，我们又能为今日的环境保护、明天的青山绿水留下一点什么？

就让我们通过《苏州市林木种质资源树种图谱》的引导，一起来解读苏州林木种质资源的基因密码，共同来维护生态、保护环境吧！

编　前

2013年8月至2015年4月，苏州市完成了全市林木种质资源清查工作。在全面整理清查成果的基础上，现将林木种质资源涉及的树种汇总结集成《苏州市林木种质资源树种图谱》一书出版，以飨读者，以享社会。本书编辑出版过程中，得到了苏州市科学技术协会，苏州科技学院，江苏省太湖常绿果树研究所，太仓市恩钿月季公园，各有关乡镇，各市、区林业主管部门，各国有林场和苗圃，各森林公园以及众多植物爱好者的大力支持，在此表示衷心的感谢！本书凝聚了苏州广大林业工作者的心血和智慧，由于时间仓促，遗漏、舛误难免，敬请读者指正。

苏州市农业委员会

2016年1月

凡 例

1. 本书介绍了在苏州境内野生或引种栽培于露地的木本植物82科337种，在种下，有必要的还列举说明种下等级、杂交种及在当地有栽培的品种。

2. 植物在书中先按科在‘Flora of China’（FOC，中国植物志英文版）中顺序排列，科内则按属名拉丁文名称的首字母排序，同属的种再按照种加词的首字母排序。科的范围也是按照FOC，但为了反映当今植物系统分类学的最新进展，以注解的形式，指出那些与APG III不一致的科。

3. 植物的中文名称主要参照FOC，但也根据《江苏植物志》以及本地生产上常用的名称有所调整；拉丁文名称参照Tropicos（http://www.tropicos.org/）。

4. 在每个科（含有2种以上）下有分种检索表。检索表大多数只用到枝、叶特征，可作为相近种区别之用。对每个种的描述，包括简要的形态特征、用途、生长习性（生长特性与适生的环境条件）和种质资源（在世界上的分布，重点为在苏州的分布、生长以及品种资源）。每个种均配有一至数幅彩色照片。

目录

附录

苏州林木种质资源的环境背景

苏州位于长江三角洲中部，江苏省南部，东临上海，南接浙江，西抱太湖，北依长江。苏州地理坐标为，南界北纬 30°19'（吴江区震泽镇南），北至北纬 32°02'（张家港江心岛），西起东经 120°11'（吴中区太湖洞庭西山西），东至东经 121°16'（太仓浏河镇长江中心）。全市面积 8488.42 平方公里，其中市区面积 2742.62 平方公里。苏州市下辖张家港市、常熟市、太仓市、昆山市、吴江区、吴中区、相城区、姑苏区，以及苏州工业园区和苏州高新区（虎丘区）。苏州自然地理环境优越，素有鱼米之乡之称，而 20 世纪 90 年代以来又成为我国工业化与城市化进程迅速的地区之一。因此，苏州的植物资源历来深受人类活动的影响，主要表现为引种栽培植物的历史悠久和种类较多，例如全市范围内有古树名木（指树龄在 100 年以上或与历史名人有紧密联系的树木）达 88 种（含种下等级及品种）1700 余株，其中不少为前人所植，如银杏、桂花、黄杨等，也包括石榴、广玉兰、二球悬铃木等外来树种。尽管如此，现代自然环境仍然是决定林木种质资源的重要条件，因为树木只有在适生的环境条件下才能永久地生存下去。

一、地貌

苏州境内现代地貌以平原为主，平原上河网密集，湖泊星布，还有一些丘陵耸立于平原之上和太湖之中。

苏州的平原面积最大，占全市总面积的 54.83%，其地势低平，平均海拔仅 3~5 米。平坦的土地多为农业耕作、城镇工业和城乡居民居住与生活用地。在农村，村前屋后、河流两岸、湖泊沿岸、道路两旁是林木生长场所。在城市，城市绿地系统包括公园、园林、街道、道路和居住区绿地等，也是树木生长场所。近年来，随着城市绿地建设力度的加强，城市也成了保存林木种质资源的重要场所。

苏州水域面积 3068 平方公里，占全市总面积的 42.52%。全市有大小河流 2 万余条，总长 1457 公里；湖荡 323 个，面积 2807 平方公里。主要河流有长江（苏州段）、江南运河（苏州段）、胥江、娄江、浏河、吴淞江、望虞河、太浦河和西塘河等；主要湖泊则有太湖、阳澄湖、金鸡湖、澄湖、淀山湖、尚湖、白砚湖等。如前所述，湖河沿岸是树木生长的场所，而水陆交界的浅水区域及一些沼泽地也能为耐水湿的树木提供生存空间。耐水湿的乡土树种种类并不多，主要有垂柳、河柳、枫杨等，而原产于北美和墨西哥的落羽杉属树种很适合在此生长，近年来从我国南方引种的珍稀树种水松也能很好地生长在这样的环境中。

苏州的低山丘陵共有大小山体 100 余座，占全区面积的 2.65%，为西天目山东北延伸的余脉，奠基于中生代印支—燕山造山运动，后经长期风化剥蚀演变而成。这些丘陵的海拔一般在 100~300 米之间，其中穹窿山最高，海拔 341.7 米。它们在区内分布并不均匀，主要分布于西部和太湖诸岛，山体沿太湖呈北东至南西走向，构成七子山—东洞庭山、穹窿山—渔洋山—长沙岛—西洞庭山、邓尉山—潭山—漫山岛、东渚—镇湖一带残丘等四组山丘、岛屿群，而在阳山、七子山等山间有灵岩山、天平山和天池山等。另外，北部有张家港香山、常熟虞山等孤丘立于平原之上。多数山丘由石英砂岩组成，其次为花岗岩、石灰岩和砂页岩，另有少量火山岩。这些低山丘陵比平原的环境条件更为多样，并且没有平原那么易于耕作，所以是野生林木种质资源最主要的保存场所。

二、气候

苏州大部分地区位于北亚热带季风气候区，但在太湖洞庭西山、东山至吴江区平望一线以南地区则为中亚热带季风气候区，气候温和湿润，四季分明，冬夏季较长，春秋季较短。

1. 气温

苏州年平均气温约为 16℃，最冷月（1 月）平均气温约 3℃，最热月（7 月）平均气温约 28℃，气温年较差 25~26℃，≥ 10℃积温 4992℃，无霜期约 233 天。全区热量差异较小，最冷月和最热月均温南北差异均在 1℃以内。冬季极端最低气温可低于 -11℃，如 1977 年 1 月 31 日，昆山、太仓和常熟都出现了历史最低气温，依次为 -11.7℃、-11.5℃和 -11.3℃。夏季极端最高气温可达 39℃以上，如 2007 年 7 月 28 日苏州市区的最高气温为 39.3℃。

气温除了由纬度因素决定外，还会受到区域内地形格局和大型水体分布的影响。由于水的比热容较大，在冬季，庞大的太湖水体会慢慢地释放夏、秋季吸纳的热量，从而减弱北方冷空气带来的降温势头，所以位于太湖的洞庭东、西山等半岛和岛屿上的温度会高于周边地区。而低山丘陵区的南向山坞，由于山体可以阻挡由北而来的寒潮，冬季气温也会略高于周边地区。城市中心的人口密集区由于存在“热岛效应”，气温也略高。

这些局部小气候为喜温而不耐寒的树种提供了生存条件。相反，气温随海拔升高而较低的规律在山体较高的丘陵也会有所体现，这些丘陵能为耐寒的树种或夏季喜凉爽而不耐炎热的树种提供生存空间。总之，多样化的水热条件，有利于多样化的生物种类的生存。

2. 降水

苏州位于我国东部沿海湿润地区，降水量较为充沛，年平均降水量1119毫米，年平均降水日为128天。每年5月至10月多雨，而11月至翌年4月雨量较少。其中，6、7月份为全年降水量最多的月份，一般在6月中旬至7月上旬，历时20余天连续阴雨，为梅雨天，而在7月中下旬至8月中旬会出现持续晴朗高温天气，称为伏旱。每年的12月份通常降水最少。总体而言，降水集中于气温较高的春夏季，对植物的生长较为有利，但伏旱的出现对植物却有不利的影响。

三、植被

苏州大部分地区位于北亚热带季风气候区，其最南端有少部分则属于中亚热带季风气候区，水热条件丰富，地带性植被为常绿落叶阔叶混交林。由于受到人类长期活动的影响，苏州现在的植被多为次生林，主要分布于丘陵地带。下面就苏州丘陵地带植被作一概述。

（一）针叶林

苏州零星分布有马尾松与湿地松分别组成的片林。

1. 马尾松林

马尾松林大多为人工林，在苏州各处丘陵地带有分布。乔木层除了建群种马尾松外往往伴生有枫香、白栎、香樟、杨梅等。灌木层主要由短穗竹、山胡椒、化香、白马骨、满山红、蓬蘽等组成。草本层则有变异鳞毛蕨、刻叶紫堇、青绿薹草、求米草等。

2. 湿地松林

湿地松原产美国东南部暖带潮湿的低海拔地区，我国长江流域以南各省区广为引种，苏州无论平原还是丘陵都有栽培，均能较好生长。位于上方山南坡的小片湿地松林，乔木层以湿地松占绝对优势，零星可见香樟、构树、朴树、盐肤木和榉树。灌木由短穗竹、山胡椒、白马骨、化香、海州常山等组成。草本层由求米草、天葵、井栏边草、刻叶紫堇等组成。

（二）常绿阔叶林

常绿阔叶林在苏州仅分布于局部地区，主要包括木荷林与青冈林。

1. 木荷林

木荷林为我国中亚热带东部森林区内分布广泛的一种常绿阔叶林，但天目山、黄山、庐山一线以北则仅见于太湖之滨吴中区光福官山岭一带，该地已被列为江苏省自然保护区受到保护。在木荷林核心区域，乔木层以木荷占绝对优势，仅偶见马尾松、香樟、冬青、杨梅、短柄枹栎、光亮山矾等。灌木层由格药柃、满山红、篌竹以及上述乔木层树种的幼苗。由于郁闭度可达 0.9 以及林下落叶层很厚，所以草本层缺乏。林中也存少量藤本植物，如薜荔、菝葜、海金沙等。

2. 青冈林

青冈林分布于天平山与高新区花山。青冈能生长于土层薄甚至岩石裸露的山坡石缝中，成为建群树种。乔木层主要伴生种有麻栎、马尾松、野柿、朴树、冬青、枫香、榉树、化香等。灌木层主要有短穗竹、檵木、三角枫、格药柃、紫金牛、白檀等。草本层主要有显子草、老鸦瓣、中华鳞毛蕨、变异鳞毛蕨、有柄石韦等。层间植物则以络石、紫藤、爬藤榕、菝葜等为主。

（三）常绿、落叶阔叶混交林

常绿、落叶阔叶混交林为常绿阔叶林与落叶阔叶林之间的过渡类型，从苏州所处的地理位置来看，此类型正是本地的地带性植被。在苏州，此类型植被中，主要常绿树种有香樟、青冈、苦槠、冬青等，局部还有紫楠，落叶树种有麻栎、栓皮栎、白栎、榉树、枫香、朴树等。一些地方受人类活动或立地条件的影响，以落叶阔叶树种为优势种，常绿阔叶树种为伴生种，植被类型变为落叶、常绿阔叶混交林。

1. 紫楠林

紫楠林仅分布于穹窿山茅蓬。乔木层中以紫楠、栓皮栎、毛竹为共优种，伴生有朴树、榉树、冬青、南京椴、红柴枝、麻栎、苦槠、枫香、三角枫等；灌木层主要由短穗竹、掌叶覆盆子、胡颓子、六月雪、雀梅藤等组成。草本层种类也较多，盖度也较大，主要由花点草、天葵、云台南星、刻叶紫堇、野芝麻、石蒜、华东唐松草、日本安蕨、毛叶对囊蕨等。层间植物也较丰富，主要有络石、薜荔、菝葜等。

2. 香樟林

香樟为苏州市树，在苏州栽培历史悠久，在上方山、张家港香山、木渎灵岩山等地有人工片林。如上方山的香樟林，其乔木层中以香樟为建群种，而枫香、杨梅也较为丰富，伴生树种有朴树、马尾松、构树、乌桕等。灌木层有狭叶山胡椒、短穗竹、白马骨、山胡椒、紫金牛、山莓、鹅毛竹等。草本层有猪殃殃、老鸦瓣、碎米荠、求米草、天葵、早熟禾、青绿薹草、刻叶紫堇、变异鳞毛蕨等。层间植物包括络石、何首乌、绞股蓝、白英、鸡矢藤等。

3. 栎类林

该类型植被以栓皮栎或麻栎等栎类树种为建群种，乔木层中存在冬青、苦槠、青冈等常绿成分，常绿成分的比重受人类干扰强度与立地条件的影响，在立地条件较好的平缓山坡，如果去除人为干扰，将演替成为常绿成分占优的常绿、落叶阔叶混交林。

位于穹窿山茅蓬坞的栓皮栎林乔木层组成树种多达 15 种，分为两亚层。第一亚层高 10~16 米，主要由栓皮栎、白栎、毛竹组成，第二亚层高 4~10m，主要有格药柃、牛鼻栓、光亮山矾、朴树等。数量较少的常绿树有冬青，落叶树有枫香、南京椴等。灌木层有山胡椒、山莓、映山红、茶、紫金牛、满山红、荚蒾、短穗竹等，还有冬青、栓皮栎、木蜡树、白檀、苦槠等幼树与幼苗，其中出现较多的常绿树种为苦槠与冬青。草本层主要由变异鳞毛蕨、太子参、夏天无、老鸦瓣、云台南星、细叶薹草、刻叶紫堇、早熟禾、狗脊蕨等组成。层间植物有络石、菝葜、鸡矢藤、蘡薁、小果蔷薇、何首乌等。

（四）毛竹林

毛竹属散生竹类，通过其横走的地下茎繁殖，扩展能力强，能很快地蔓延开来。毛竹林见于吴中区穹窿山、高新区何山等地，也见于一些公园绿地中。毛竹林中毛竹个体密度大，郁闭度大，所以上层少见或不见伴生树种，下层灌木稀少，草本层盖度也小，组成群落的物种多样性指标极低。在穹窿山的毛竹林下有少量灌木，如格药柃、构骨、白檀、山胡椒、白马骨、荚蒾、紫金牛、山莓、胡颓子等；草本植物也很少，有变异鳞毛蕨、贯众、短毛金线草、虎尾铁角蕨、井栏边草等。

（五）灌丛

灌丛包括一切以灌木占优势所组成的植被类型。苏州的灌丛分布于山脊土层较薄或原生植被破坏严重的山坡上，主要以短穗竹、短柄枹栎、化香、白鹃梅为建群种，还伴生有光亮山矾、檵木、格药柃、算盘子、映山红等。例如分布于穹窿山山脊的短柄枹栎灌丛主要由短柄枹栎、光亮山矾、格药柃、算盘子、映山红、化香、乌饭树、白檀、冬青、檵木、山胡椒等多种灌木组成。优势种为短柄枹栎和光亮山矾。由于灌木层盖度高，其下草本层总体退化，由蕨、显子草等少数种的少量个体组成。位于花山山脊的短穗竹灌丛，优势种为短穗竹、白鹃梅和檵木，伴生种有麻栎、朴树、绿叶胡枝子、山合欢、白马骨、牡荆、化香、白檀、算盘子等，草本层主要有老鸦瓣、鹅观草、泽兰、晚红瓦松、黄背草、石竹、芒、乳浆大戟、麦冬等，层间植物主要有络石、木防己、金樱子、海金沙等。

四、林木种质资源

种质是指亲代通过有性生殖过程或体细胞直接传递给子代并决定固有特性的遗传种质基因，它往往存在于特定品种之中，如古老的地方品种、新培育的推广品种、重要的遗传材料以及野生近缘植物等。

林木种质资源是指林木“种”及种以下分类单位具有不同遗传基础的林木个体和群体的各种繁殖材料总称。我国保存的林木种质大致包含三类：首先是核心种质：经过生物测定（如表型、生理、遗传等测定），集成种内群体、家系、个体等，完整代表物种遗传多样性的样本种质；其次是保留种质：指收集种质中未进入核心种质的工作种质，如一般收集的种源、品种、无性系等育种材料；第三是陈列种质：属广义上的种质，包括树木园、植物园等活体标本，是抢救保存珍稀濒危物种的后备和补充材料。林木种质资源是林木遗传多样性的载体，是物种多样性和生态系统多样性的前提和基础，直接制约着与人类生存息息相关的森林资源质量、环境质量、生态建设质量以及生物经济时代的社会发展，是国家重要的基础战略资源，也是林业生产力发展的基础性和战略性资源。

2013年8月至2015年4月，苏州市完成了全市林木种质资源清查工作。本次调查中，野生群体共设置87个样地，内业整理工作累计约达1500人次(日)，以“保留种质”为主、“陈列种质”为辅，对各区县的种质资源情况进行了全面深入的梳理；立足种质、品种、古树名木三个方面，对山林、苗圃、保留村庄树木种质资源进行了全面登记，记录了苏州见到的所有木本植物，清查了所有乡土树种和珍贵、稀有树种、农家品种和外来品种的分布、数量、生长发育情况，并研究了这些种质资源开发利用的潜力。

裸子植物门
Gymnospernae

1. 银杏科 Ginkgoaceae

银杏 **Ginkgo biloba** Linn.

又名白果、公孙树、鸭脚子。

形态特征 落叶大乔木，树干通直。枝分长、短枝。叶扇形；叶脉二叉状。雌雄异株，雄株大枝耸立，雌枝则开展或有些下垂。雄球花 4~6 个生于短枝顶端或苞腋，下垂，淡黄色；雌球花数个生于短枝顶端叶丛中，淡绿色。种子近球形，包括有臭味的肉质外种皮、骨质中种皮和膜质内种皮等三层种皮。花期 3 月下旬，种子 9~10 月成熟。

用途 种子俗称“白果”，种仁可供食用，但多食易中毒，入药有润肺、止咳、强壮等功效；叶中提取物用作抗衰老保健品；木材可供建筑、雕刻、绘图板、家具等用。本种树形优美，秋季叶色鲜黄，是园林绿化的珍贵树种。观赏本种秋色佳处主要

银杏雄花

银杏雌花

有姑苏区道前街、文庙，吴中区东山和西山。

生长习性 深根性；生长慢；大树周围多萌蘖，可用以繁殖。喜光；较耐寒，喜温凉湿润气候。耐旱，不耐涝，在土壤酸度为 pH4.5~8.0 间均能生长，但以湿润而排水良好的中性或微酸性土壤最宜。

种质资源 全市各地栽培，吴中区西山为著名白果产区。全市有本种古树名木 526 株。最粗的银杏位于常熟虞山林场龙殿山庄，胸径 180 厘米，相传为宋代所植。高新区文昌阁一株银杏，胸径 82 厘米，种子量大，种仁甜而无苦味。张家港市第一中学内一株银杏小枝下垂明显的垂枝银杏（*Ginkgo. biloba* 'Pendula'），有较高的观赏品质。洞庭皇（*G. biloba* 'Dongtinghuang'）果形较大，产于吴中区东山。

2. 松科 Pinaceae

松科分种检索表

1. 有发达的短枝；叶在长枝上互生，在短枝上簇生……………………………………2

1. 短枝极不发达；叶以 2、3、5 枚一束生长…………………………………………3

2. 常绿性；叶针形，坚硬……………………………………………………………雪松

2. 落叶性；叶扁平，柔软…………………………………………………………金钱松

3. 针叶 5 针一束……………………………………………………………日本五针松

3. 针叶 2 或 3 针一束………………………………………………………………4

4. 针叶全为 3 针一束………………………………………………………………白皮松

4. 针叶 2 针一束或同株上兼有 2 针和 3 针一束…………………………………5

5. 针叶 2 针和 3 针一束……………………………………………………………湿地松

5. 针叶为 2 针一束…………………………………………………………………6

6. 冬芽褐色；针叶细柔，长 12~20 厘米……………………………………………马尾松

6. 冬芽银白色；针叶刚硬，长 6~12 厘米……………………………………………黑松

雪松 **Cedrus deodara** (Roxb. ex D. Don) G. Don

形态特征 常绿乔木，通常塔形；树皮深灰色，裂成不规则的鳞状块片。叶在长枝上稀疏、互生，短枝之叶成簇生状，针形，横切面三角形，坚硬，灰绿色，幼时有白粉。雄球花椭圆状卵形，长2~3厘米；雌球花卵圆形，长约8毫米。球果近卵圆形，长7~12厘米，径5~9厘米；种鳞倒三角形，上部宽圆，背面密生锈色毛；苞鳞短小；种子上端有倒三角状翅。花期2~3月，球果翌年10月成熟。

用途 木材坚实、致密，纹理通直，少翘裂，耐久用，可作建筑、桥梁、造船、家具及器具等用。树体高大，树形美观，为世界著名的庭园观赏树种。

生长习性 浅根性；速生；在苏州经人工授粉后，种子才能正常发育。喜光，稍耐阴；在气候温和凉润、土层深厚排水良好的酸性土壤上生长旺盛，也能生于微碱性土壤上，较耐瘠薄，但忌积水。

种质资源 原产阿富汗至印度以及我国西藏的西南端，20 世纪 20 年代在上海、南京等地栽种，现本市城镇各处公园多有栽培，有时也见于道旁绿化。太仓有 1 株列入古树名木。

白皮松 **Pinus bungeana** Zucc. ex Endl.

形态特征 常绿乔木，树冠宽塔形至伞形；幼树树皮光滑，灰绿色，长大后树皮片状脱落，中年时露出淡黄绿色的新皮，老时露出粉白色的内皮，白褐相间成斑鳞状。针叶 3 针一束，粗硬，边缘有细锯齿；横切面扇状三角形或宽纺锤形；叶鞘早落。球果初直立，后下垂，圆锥状卵圆形，长 5~7 厘米；种鳞矩圆状宽楔形，鳞盾近菱形，有横脊，鳞脐生于鳞盾的中央，三角状，常有反曲的刺；种子有短翅；翅有关节，易落。花期 4~5 月，球果翌年 10~11 月成熟。

用途 木材花纹美丽，可供房屋建筑、家具、文具等用材；种子可食；树姿优美，树皮白色或褐白相间，极为美观，为优良的庭园树种。

生长习性 深根性；生长速度中等。喜光，稍耐阴，在气候温凉、土层深厚、肥润的钙质土和黄土上生长良好；耐瘠薄土壤，在中性和酸性土壤上也能生长。

种质资源 分布黄河流域及四川和湖北等地；苏州有悠久的栽培历史，拥有古树名木 24 株，以姑苏区最多，计有 18 株。

湿地松 **Pinus elliottii** Engelm.

形态特征 常绿乔木；树皮灰褐色，纵裂成大鳞状块片剥落；枝条上鳞叶宿存；冬芽淡灰色。针叶 2 针或 3 针一束并存，长 18~25 厘米，刚硬，深绿色，边缘有锯齿。球果圆锥形或窄卵圆形，长 6.5~13 厘米；种鳞的鳞盾近斜方形，有锐横脊，鳞脐瘤状，先端急尖；种子卵圆形，微具 3 棱，种翅易脱落。

用途 木材较硬，纹理直，结构粗，供建筑、枕木、板料、造纸原料等用。树脂含量丰富，质量好，是优良采脂树种。挺拔而枝叶茂密，可作为园林、自然风景区绿化树种。

生长习性 深根性，根系发达；生长速度快，很少受松毛虫危害。强喜光，极不耐阴；喜夏雨冬旱的亚热带气候，既耐高温，也耐低温；在酸性至中性土壤上生长良好，耐瘠薄，也耐水湿，但长期积水则生长不佳。

种质资源 原产美国东南部暖带潮湿的低海拔地区；我国长江流域以南各省区广为引种。苏州各丘陵山地多见种植，公园中也可见到。上方山有小片以该种为建群种的森林，平均树高 16 米，平均胸径 23 厘米。阳山凤凰寺附近有 1 株，胸径 30 厘米。

马尾松 **Pinus massoniana** Lamb.

形态特征 常绿乔木；树干上部的树皮红褐色，下部的灰褐色，裂成不规则的鳞状块片；冬芽褐色。针叶 2 针一束，稀 3 针一束，长 12~20 厘米，细柔，微扭曲，边缘有细锯齿；叶鞘宿存。球果卵圆形或圆锥状卵圆形；中部种鳞近矩圆状倒卵形，或近长方形；鳞盾平或微隆，菱形，微有横脊，鳞脐微凹，无刺，生于干燥环境者常有极短的刺；种子长卵圆形。花期 4~5 月，球果翌年 10~12 月成熟。

用途 木材纹理直，结构粗，硬度中等，耐腐力弱，供建筑、枕木、矿柱、家具及造纸等用；树干可割取松脂。为长江流域以南重要的荒山造林树种。

生长习性 深根性；在适宜的土壤上生长迅速。喜光，不耐阴；喜温暖湿润气候；肥沃深厚的沙质壤土上生长最好，能耐干旱、瘠薄，但在钙质土上生长不良或不能生长，不耐盐碱。纯林易受松毛虫严重危害。

种质资源 我国南方林区常见树种。苏州各丘陵多有分布，如吴中区邓尉山、穹窿山、西碛山，高新区大阳山，张家港香山，常熟虞山等有较多数量。共 16 株为古树名木，全部分布在常熟市；胸径最大者位于常熟市林场三峰寺前林中，胸径 42 厘米，树高 18 米，树龄 100 年，生长状况旺盛。

日本五针松 *Pinus parviflora* Siebold et Zucc.

又名日本五须松、五钗松。

形态特征 常绿乔木；幼树树皮淡灰色，平滑，大树树皮暗灰色，裂成鳞状块片脱落。针叶 5 针一束，长 3.5~5.5 厘米，边缘具细锯齿，背面暗绿色，腹面灰白色；横切面三角形；叶鞘早落。球果卵形或卵状椭圆形；中部种鳞长圆状倒卵形，鳞盾近斜方形，先端圆，鳞脐凹下；种子卵圆形，有长翅。

用途 主要用作观赏，与山石相配景或制作盆景。

生长习性 生长缓慢。喜光，稍耐阴；喜生于土壤深厚、湿润且排水良好之处。

种质资源 原产日本；我国长江流域及山东青岛等地引种栽培。在苏州，见于公园绿地，有 2 株为古树名木，其中常熟市虞山公园有 1 株，姑苏区有 1 株。

黑松 **Pinus thunbergii** Parl.

形态特征 乔木；树皮灰黑色，块状脱落；冬芽银白色。针叶 2 针一束，深绿色，粗硬，长 6~12 厘米，边缘有细锯齿。球果成熟时卵形，长 4~6 厘米；中部种鳞卵圆形，鳞盾微肥厚，横脊显著，鳞脐微凹，有短刺；种子倒卵状椭圆形。花期 4~5 月，种子翌年 10 月成熟。

用途　木材结构较细，纹理直，坚韧耐用，可作建筑、矿柱、器具、板料以及薪炭之用，亦可提取树脂；多作庭园观赏树种。

生长习性　生长速度中等。喜光；喜凉润的温带海洋性气候；耐瘠薄、耐盐碱土。

种质资源　原产日本及朝鲜；我国辽东半岛、山东、江苏及浙江沿海地区引种。在苏州丘陵山地，如穹窿山、花山等，以及园林和绿地中有栽培；姑苏区有2株属古树名木。

金钱松 **Pseudolarix amabilis**（J. Nelson）Rehder

形态特征　落叶乔木，树冠宽塔形；树皮粗糙，灰褐色，狭鳞状块片。叶条形，柔软，镰状或直；叶在长枝上稀疏、互生，短枝上簇生，平展呈圆盘形。球果卵形；中部的种鳞卵状披针形，两侧耳状，先端凹缺；苞鳞长约种鳞的1/4~1/3，卵状披针形，边缘有细齿；种子卵形，种翅三角状披针形。花期4月，球果10月成熟。

用途　木材硬度适中，材质稍粗，性较脆，可作建筑、板材、家具、器具等用；树皮和根皮可药用；树姿优美，秋后叶呈金黄色，十分美观，是珍贵观赏树种，为世界著名庭园树。

生长习性 生长速度中等。喜光，幼时稍耐阴；喜生于温暖、多雨、土层深厚、肥沃、排水良好的酸性土壤上。

种质资源 为我国特有树种，产于华东地区。苏州在城市公园中可见少量栽种，如运河公园、桐泾公园、白塘生态植物园等；常熟兴福寺有1株金钱松属古树名木。

3. 杉科 Taxodiaceae

杉科分种检索表

1.叶互生……………………………………………………………………………………2

1. 叶对生，条形，排成 2 列………………………………………………………水杉

2.常绿性……………………………………………………………………………………3

2.落叶性或半常绿性………………………………………………………………………5

3. 叶二型，主枝之叶鳞形，侧枝之叶条形，长 0.8~2 厘米，排成 2 列，下面有两条白粉带…………………………………………………………………………北美红杉

3.叶同型，均为钻形叶……………………………………………………………………4

4.叶内弯，长1~1.5厘米…………………………………………………………………柳杉

4.叶直，长0.4~2厘米………………………………………………………………日本柳杉

5.叶二型……………………………………………………………………………………6

5.叶同型……………………………………………………………………………………7

6.1~2 年生小枝绿色，有芽小枝的叶鳞形，宿存，侧生无芽小枝的叶条状钻形，排成 2 列…………………………………………………………………………………水松

6.1~2 年生小枝褐色或红褐色，大树之叶钻形，形小，紧贴小枝，幼树及萌枝之叶条状披针形，开展………………………………………………………………………池杉

7. 叶长 0.4~1 厘米，半常绿性……………………………………………墨西哥落羽杉

7. 叶长 1~1.5 厘米，落叶性………………………………………………………落羽杉

日本柳杉 **Cryptomeria japonica** (Thunb. ex Linn. f.) D. Don

又名孔雀松。

形态特征 常绿乔木，树冠塔形；树皮红褐色，裂成条片状脱落。叶钻形，直伸，通常不内曲，长 0.4~2 厘米。球果近球形；种鳞 20~30 枚，上部通常 4~5(7) 深裂，鳞背有一个三角状分离的苞鳞尖头，先端通常向外反曲，发育的种鳞有 2~5 粒种子；种子边缘有窄翅。花期 4 月，球果 10 月成熟。

用途 木材易加工，供建筑、桥梁、造船、家具等用。树姿优美，枝叶茂密，粉绿色，常作观赏树种栽种。

生长习性 生长速度较快。喜光；适生于气候凉爽湿润、空气湿度大的环境条件下，夏季酷热对其生长不利。

种质资源 原产日本，为日本的重要造林树种。本市城市公园绿地、校园等地有栽种。

柳杉 **Cryptomeria japonica** var. **sinensis** Miquel

又名长叶孔雀松。

形态特征 与日本柳杉相比，本种叶钻形，先端向内弯曲，较长，长 1~1.5 厘米；球果种鳞较少，有 20 枚左右，发育的种鳞有 2 粒种子。

用途 材质较轻软，纹理直，结构细，耐腐力强，易加工，可供房屋建筑、电杆、器具、家具及造纸原料等用。树皮入药。叶磨粉可作线香。树姿优美，枝叶婆娑，为优美的园林风景树。

生长习性 浅根性；生长速度中等。中等喜光，幼龄能稍耐阴，在温暖湿润的气候和土壤酸性、肥厚而排水良好的山地，生长较快；在寒凉较干、土层瘠薄的地方，生长不良；夏季酷热对其生长不利。

种质资源 我国特有树种，产于浙江、福建、江西。本市公园绿地、校园等地有栽种，昆山亭林公园中有 3 株本种古树。

水松 Glyptostrobus pensilis（Staunton ex D. Don）K. Koch

形态特征 落叶乔木，树冠圆锥形；生多湿土壤者，树干基部膨大，周围有膝状根伸出地面；树皮褐色，扭曲长条纵裂。叶互生，有三种类型：鳞形叶长约 2 毫米，宿存；条形叶长 1~3 厘米，2 列状排列；条状钻形叶长 4~11 毫米，辐射伸展或呈三列状；后两种叶秋、冬季与其着生的枝条一同脱落。球果卵圆形；种鳞木质，扁平，先端圆，鳞背近边缘处有 6~10 个微向外反的三角状尖齿；苞鳞与种鳞几乎全部合生，仅先端分离；种子椭圆形，下端有长翅。花期 1~2 月，球果秋后成熟。

用途 木材耐水湿，可供桥梁等工程用材；根部的木质轻松，浮力大，可做救生圈、瓶塞等软木用具。树形优美，是优美的庭园树种；耐水淹，也是湿地绿化优良树种。

生长习性 根系发达，生长速度中等。喜光，不耐阴；喜温暖湿润的气候及水湿的环境，不耐低温，对土壤的适应性较强，但最适生长于中性至微碱性土壤（pH7~8）上。

种质资源 为我国特有树种，分布于广东、广西、福建、江西、四川、云南。苏州近年引种于一些湿地公园，如虎丘湿地园栽种的十数株，有的植株已能结出球果。吴江苗圃引种于江西。

水杉 *Metasequoia glyptostroboides* Hu et Cheng

形态特征 乔木，幼树树冠尖塔形，老树则广圆形；树皮灰褐色，裂成长条片。叶条形，对生，排成 2 列，呈羽状，冬季与无芽小枝一同脱落。球果近球形，种鳞木质，盾形，交叉对生，发育的种鳞有 5~9 粒种子；种子周围有翅。花期 2 月下旬，球果 11 月成熟。

用途 木材纹理直，材质软，易加工，可用作房屋建筑、板料、家具，还可用作造纸。树姿优美，为著名的庭园树种和城乡绿化树种。

生长习性 速生。喜光；喜温暖湿润气候，在深厚肥沃的酸性土上生长最好，微碱性土壤也能较好生长。现有资料都认为本种不耐水涝，但常熟尚湖有一片水杉生于水中。

种质资源 我国特产。在距今1亿多年前的中生代白垩纪，本种曾广泛分布于欧亚大陆，但由于新生代第四纪冰川的影响，致其近于灭迹，仅在我国四川、湖北和湖南三省交界处幸存下来，所以被称为孑遗植物或活化石。本种植物的标本于1941年采得，后经研究，于1948年由胡先骕和郑万钧两位先生命名发表。目前，全国大部分地区引种栽培。本市城乡都有种植，其中相城区元和镇吕池村6组有1株胸径61厘米的大树，生长旺盛。

北美红杉 **Sequoia sempervirens**（D. Don）Endl.

又名长叶世界爷、红杉。

形态特征　常绿巨大乔木，在原产地高达 110 米，胸径达 8 米，树冠圆锥形；树皮红褐色，纵裂。叶互生；主枝之叶卵状长圆形，长约 6 毫米；侧枝之叶条形，长 8~20 毫米，排成 2 列，无柄，下面有 2 条白粉气孔带。球果卵状椭圆形或卵圆形；种鳞盾形，顶部有凹槽，中央有一小尖头，发育种鳞有种子 2~5 粒；种子两侧具翅。

用途　用作园景树。

生长习性　根际萌芽性强，易于萌芽更新。喜凉湿气候，极耐寒。

种质资源　原产美国西海岸；我国引种栽培。常熟虞山公园有 3 株，胸径分别为 19 厘米、20 厘米、24 厘米，高约 11 米，长势一般。

落羽杉 **Taxodium distichum**（Linn.）Rich.

又名落羽松。

形态特征　落叶乔木，树冠圆锥形；干基通常膨大，常有膝状呼吸根；树皮棕色，裂成长条片脱落；生叶的侧生小枝排成 2 列。叶条形，排成 2 列，呈羽状，上面中脉凹下。球果近球形；种鳞木质，盾形，顶部有较明显的纵槽；种子不规则三角形，有锐棱。花期 3~4 月，球果 10 月成熟。

用途　木材硬度适中，耐腐力强，可用作建筑、家具、造船等。树形整齐，枝叶秀丽，秋叶锈色，观赏价值高，适于湿地配植，也是著名园林树种。

生长习性　生长较快。喜光；喜温暖湿润气候，极耐水湿，能生长于沼泽地上。

种质资源　原产北美东南部，我国引种栽培。苏州各湿地公园都有栽种，姑苏区有 1 株属古树名木。

池杉

Taxodium distichum var. **imbricatum**（Nutt.）Croom

又名池柏、沼落羽松。

形态特征　落叶乔木，树冠尖塔形；树干基部膨大，通常有膝状呼吸根；树皮褐色，纵裂成长条片脱落。叶互生，钻形，微内曲，枝条上部的斜向上伸展，下部的贴近小枝；幼树及萌枝之叶条状披针形，开展。球果近圆球形；种鳞木质，盾形；种子不规则三角形，边缘有锐脊。花期 3~4 月，球果

10 月成熟。

用途 木材硬度适中，耐腐力强，可用作建筑、家具、造船等。树形优美，秋叶锈色，是观赏价值高的园林树种，特别适合湿地栽种。

生长习性 速生，萌芽力强。喜光，不耐阴；喜温暖湿润气候，极耐水湿，也耐旱，宜于酸性土，不宜于碱性土（pH>7.2）。

种质资源 原产美国东南部沼泽地区，我国引种栽培。本市公园绿地多有栽种，特别在湿地公园更为常见。

墨西哥落羽杉 *Taxodium mucronatum* Tenore

又名墨西哥落羽松、尖叶落羽杉。

形态特征 半常绿或常绿乔木，树冠宽圆锥形；树皮裂成长条片脱落；生叶的侧生小枝螺旋状散生，不呈 2 列。叶互生，条形，排列紧密，2 列状排列，呈羽状，长约 1 厘米，向上逐渐变短。球果卵圆形。

用途 木材性质及用途与落羽杉同。温暖地带低湿地区的造林树种和园林树种，叶在冬季变棕色而不凋落，具较好的观赏效果。

生长习性 生长较快。喜光，不耐阴；喜温暖湿润气候，较耐寒，极耐水湿，宜于酸性土，不耐盐碱性土。

种质资源 原产于墨西哥及美国西南部，我国引种栽培。本市的一些公园有栽种，如虎丘湿地公园、白塘生态植物园等。此外，近年在本市绿地中还引种了一些由墨西哥落羽杉与落羽杉杂交而成的中山杉（*Taxodium* 'Zhongshansha'），其形态介于两个亲本之间，唯对盐碱有抗性，为亲本所不具备。

4. 柏科 Cupressaceae

柏科分种检索表

1.小枝扁平，排成一平面，都为鳞叶……………………………………………………………2

1.小枝不扁平，不排成一平面………………………………………………………………3

2. 生鳞叶小枝直立，两面几同色………………………………………………………侧柏

2. 生鳞叶小枝平展或近平展，背面的鳞叶有白粉，鳞叶先端尖……………日本花柏

3.全部为鳞叶，或与刺叶同时存在…………………………………………………………4

3.全部为刺叶，刺叶轮生………………………………………………………………刺柏

4. 鳞叶先端钝，生鳞叶小枝圆柱形或略呈四棱形；刺叶三叶轮生或对生，等长……
…………………………………………………………………………………………圆柏

4. 鳞叶先端急尖或渐尖，生鳞叶小枝呈四棱形；刺叶对生，不等长………北美圆柏

日本花柏

Chamaecyparis pisifera(Siebold et Zucc.) Endl.

形态特征 常绿乔木，树冠尖塔形；树皮红褐色，裂成薄皮脱落；生鳞叶小枝条扁平，排成一平面。鳞叶先端锐尖，下面枝叶有明显的白粉。球果圆球形，径约 6 毫米，发育的种鳞有 1~2 粒种子；种子两侧有宽翅。

用途 引种的品种作为观赏之用。

生长习性 生长较慢。喜光，稍耐阴；喜温凉湿润气候；喜湿润土壤，不喜干燥土壤。

种质资源 原产日本；我国引种栽培。苏州虹越园艺公司引种了两个品种：蓝湖柏 *Chamaecyparis pisifera*'Boulevard'和金线柏 *C. pisifera*'Filifera Aurea'。两个品种都为灌木，前者小枝细长下垂，具金黄色的叶，后者的叶，尤其是嫩枝上的叶呈淡蓝色。

圆柏 **Juniperus chinensis** Linn.

又名桧柏。

形态特征 常绿乔木，幼树尖塔形，老则广卵形；树皮灰褐色，纵裂成条片；生鳞叶的小枝近圆柱形或近四棱形。叶有刺叶和鳞叶两种。雌雄异株，稀同株。球果近圆球形，肉质，被白粉；种子卵圆形，无翅。

用途 木材坚韧致密，桃红色，有香气，耐腐力强，宜作房屋建筑、家具、绘图板、铅笔杆及工艺品等用材；种子可榨

油，枝叶、种子均可入药。为普遍栽培的庭园树种，多配植于庙宇陵墓处。

生长习性 深根性，根系发达；生长速度中等。喜光，亦耐阴；耐寒，也耐热；对土壤的酸碱度和湿度要求不严，但以中性、深厚而排水良好处生长最佳。

种质资源 产于华北、西北及长江流域；朝鲜，日本也有分布。在苏州栽培历史悠久，共有古圆柏221株，昆山市分布数量最多，为136株，其他各区分别为，姑苏区49株，吴中区25株，太仓市2株，常熟市9株。最粗的圆柏位于吴中区光福镇邓尉村圣恩寺(万峰寺)，胸径154厘米，树高25米，树龄1800年，生长状况较差。在吴中区光福镇司徒庙内有4株千年古圆柏，相传为邓禹亲手所植，至今已有2000多年历史。这4株古柏经千年风霜雨雪和日曝雷击的锤炼，成就了独特的造型，分别被冠名为"清""奇""古""怪"。

龙柏*Juniperus chinensis* 'Kaizuka' 为圆柏的一个栽培品种，小枝扭曲上升，宛如盘龙，因此得名。其叶全为鳞叶，可以与原种区别。全市各处都有栽种，其中姑苏区有本种古树41株。另外，匍地龙柏(*J. chinensis* 'Kaizuca Procumbens')和塔柏(*Juniperus chinensis* 'Pyramidalis')两个品种在苏州有少量栽培。匍地龙柏无直立主杆，植株就地平展，叶多为鳞叶，少有刺叶。塔柏树冠圆柱形，枝向上直伸，叶多为刺叶。

刺柏 **Juniperus formosana** Hayata

又名山刺柏、台桧、山杉、矮柏木、刺松、台湾柏。

形态特征 常绿乔木，树冠塔形或圆柱形；树皮褐色，纵裂成长条薄片脱落。刺叶，三叶轮生，长 1.2~2 厘米，中脉稍隆起，两侧各有 1 条白色气孔带。球果球形或卵状圆形，肉质，被白粉，偶尔顶部张开；种子三角状椭圆形，无翅。

用途 木材结构细致，有香气，耐水湿，可作铅笔、桥柱、木船、家具等用材。小枝下垂，树形秀丽，多栽培作庭园观赏树。

生长习性 喜光，稍耐阴；耐寒；适生于土层深厚、肥沃、排水良好的沙质壤土。

种质资源 为我国特有树种，分布很广，东起台湾，西至陕西，南达广东、广西。苏州有野生，见于穹窿山、天平山、邓尉山等；常熟虞山公园内有 1 株属古树名木。

北美圆柏 **Juniperus virginiana** Linn.

又名铅笔柏。

形态特征 乔木，树冠圆锥形或阔圆柱形；树皮红褐色，裂成长条片脱落；生鳞叶的小枝细，四棱形。鳞叶先端急尖或渐尖；刺叶出现在幼树或大树上，交互对生，被白粉。雌雄常异株。球果近圆球形，蓝绿色，肉质，被白粉；种子卵圆形，无翅。

用途 木材结构细致，有香气，易加工，耐腐性强，供细木工、家具、绘图铅笔杆等用。树姿优美，可供观赏。

生长习性 生长速度慢。喜光，耐半阴；对土壤要求不严格，耐旱，耐盐碱。

种质资源 原产北美；我国华东地区引种栽培作庭园树。近年，苏州虹越园艺公司引入一个品种：蓝箭北美圆柏（*Juniperus virginiana* 'Blue Arrow'），枝叶淡蓝色。

侧柏

Platycladus orientalis（Linn.） Franco

形态特征 乔木，树冠尖塔形或广圆形；树皮薄，浅灰褐色，纵裂成条片；生鳞叶小枝扁平，排成一平面，几直立，两面同色。叶鳞形。球果近卵圆形，蓝绿色，被白粉；种鳞顶端有反曲的小尖头，成熟后木质，开裂；种子卵圆形，无翅或近有翅。花期 3~4 月，球果 10 月成熟。

用途 木材材质细密，坚实耐用，耐腐力强，可作建筑、器具、家具、农具及文具等用材。种子和枝叶入药。常栽培作庭园树。

生长习性 生长速度中等偏慢。喜光，较耐阴；喜温暖湿润气候，喜排水良好的湿润深厚土壤，但耐湿、耐旱、耐瘠薄、耐寒，对土壤酸碱度等要求也不严，还具抗盐力。

种质资源 原产华北、东北，现全国各地栽培，本市常见栽培的是本种的两个品种：千头柏（*Platycladus orientalis* 'Sieboldii'）和洒金千头柏（*P. orientalis* 'Aurea Nana'），均为丛生灌木，前者鳞叶绿色，后者鳞叶淡黄色，栽种于公园绿地、校院等处。

5. 罗汉松科 Podocarpaceae

罗汉松科分种检索表

1.叶有明显中脉，条形或狭披针形，长5~10厘米，宽5~10毫米………………罗汉松

1.叶无明显中脉，有多数平行脉，卵形或披针状卵形，长5~7厘米，宽2~2.5厘米…
……………………………………………………………………………………竹柏

竹柏 **Nageia nagi**（Thunb.）Kuntze

形态特征　乔木，树冠圆锥形；树皮近于平滑，成小块薄片脱落。叶对生，革质，卵形或卵状披针形，无明显中脉，有多数平行脉，长 5~7 厘米，宽 2~2.5 厘米。种子圆球形，熟时假种皮暗紫色，有白粉；骨质外种皮密被细小的凹点。花期 3~4 月，种子 10 月成熟。

用途　木材结构细，硬度适中，易加工，不翘裂，可供建筑、家具、乐器、雕刻等用材。种子含油率高，可供工业用。树形美观，叶似竹叶，可种植于庭园中。

生长习性　生长速度较缓。耐阴；喜温暖湿润气候，在深厚、肥沃的酸性沙壤至轻黏土中生长良好，否则生长很慢。在苏州，需要择较温暖小气候环境，以免在冬季较冷的月份受冻枯梢。

种质资源　产于浙江、福建、江西、湖南、广东、广西、四川；苏州引种历史数十年，在桐泾公园有数株已能结种子，且种子具发芽能力。

罗汉松 **Podocarpus macrophyllus**（Thunb.）Sweet

形态特征　常绿乔木，树皮深灰色，浅纵裂，呈薄片状脱落。叶条状披针形，长 5~10 厘米，宽 5~10 毫米，先端尖，基部楔形。种子卵状球形，径约 1 厘米，熟时紫黑色，有白粉；其下的短柱状种托成熟时红色或紫红色。花期 5 月，种子 9~10 月成熟。

用途　木材质地致密，易加工，耐水湿且不易受虫害，可作家具、器具、文具等用。树形优美，种子外观像光头，而种子下方膨大的柱状种托成熟时呈紫红色，像袈裟，整个形态酷似一尊罗汉，因此得名。是优良的庭荫树，也是盆景好材料。

生长习性　生长速度较慢。较耐阴；耐寒性较弱，在华北地区无法露地越冬；喜排水良好的沙质壤土。

种质资源　产于长江流域以南至广东、广西、云南、贵州；日本也有。本市较多见，栽培历史较悠久，共有古树名木 41 株，其中常熟市 16 株，姑苏区 10 株，昆山市 8 株，吴中区 5 株，太仓市 2 株。胸径最大的罗汉松在吴中区东山镇上湾村石桥林源寺，胸径 143 厘米，树高 35 米，树龄 1500 年，生长旺盛；常熟尚湖镇张泾浜一株罗汉松，相传多年前，树分东、西两面，两面隔年交替枯荣，当地人称之为“阴阳树”，但十多年前修建房屋时，致使东面部分受损死亡，现仅剩下一半（胸径 64 厘米），又于几年前树干被台风吹裂，颇具沧桑感。

6. 红豆杉科 Taxaceae

榧树 **Torreya grandis** Fortune ex Lindl.

形态特征 常绿乔木；树皮黄灰色，不规则纵裂；一年生枝绿色，对生，基部无宿存鳞片。叶条形，排成2列，长1~2.5厘米，宽2.5~3.5毫米，先端凸尖，上面无隆起的中脉，下面中脉两侧各有1条黄白色气孔带。种子椭圆形至倒卵圆形，熟时假种皮淡紫褐色，有白粉，基部具宿存的苞片。花期4月，种子翌年10月成熟。

用途 木材可用于建筑、家具等；种子为香榧，可炒食，亦可榨食用油；假种皮可提炼芳香油。树形整齐，枝叶茂密，为优美的观赏树。

生长习性 生长慢。耐阴；喜温暖湿润气候，不耐寒；在深厚、肥沃的酸性土壤上生长良好。

种质资源 为我国特有树种，产于江苏南部、浙江、福建北部、江西北部、安徽南部，西至湖南西南部及贵州松桃等地。苏州少见栽培，高新区阳山植物园有栽培。

被子植物门
Angiospermae

7. 杨柳科 Salicaceae

杨柳科分种检索表

1. 灌木；叶近对生或对生，萌枝叶有时 3 叶轮生，叶片椭圆状长圆形…………杞柳
1.乔木；叶互生…………………………………………………………………………2
2. 叶片披针形，托叶阔镰形，叶柄顶端无腺体……………………………………垂柳
2. 叶片椭圆状披针形，托叶半圆形，叶柄顶端有腺体……………………………腺柳

垂柳 **Salix babylonica** Linn.

又名柳树、杨柳树。

形态特征 落叶乔木，树冠倒广卵形；树皮灰黑色，不规则开裂；枝细，下垂，无毛。叶狭披针形，长 9~16 厘米，宽 0.5~1.5 厘米，下面蓝灰绿色，有锯齿；叶柄被短柔毛；托叶仅生在萌发枝上，斜披针形或卵圆形，边缘有齿牙。花序先叶或与叶同时开放；雌雄异株；雄花具雄蕊 2，腺体 2；雌花有腺体 1。蒴果，种子有白色长毛。花期 3 月，果期 4 月。

用途 木材可制小农具、小家具；枝条可编筐。下垂的细长枝条，随风飘舞，婀娜多姿，为优美的绿化树种，常与桃树相间种植于河岸边。在春天，桃红柳绿与河水相映成趣，构成江南水乡的独特美景。

生长习性 根系发达；速生，萌芽力强。喜光；喜温暖湿润气候，较耐寒；耐水湿；在潮湿深厚的酸性或中性土壤上生长良好，但也耐旱。

种质资源 产长江流域与黄河流域。苏州各地多见。旱柳（*Salix matsudana* Koidz.），与垂柳极相似，不同处在于前者的小枝不如后者那么明显的下垂，前者雌花有 2 腺体，后者则有 1 腺体，但有学者认为两者不能区分为两个不同的种，应为同一种。常熟兴福寺有一株旱柳的观赏品种龙须柳（*S. matsudana* 'Tortusoa'），其枝条扭曲向上。

腺柳 Salix chaenomeloides Kimura

又名河柳。

形态特征 落叶小乔木；小枝常红褐色。叶长圆状披针形，长 4~10 厘米，宽 2~3.5 厘米，背面灰白色，边缘有具腺的内弯锯齿；叶柄淡红色，顶端具腺体；托叶半圆形（肾形）或耳状，边缘有腺锯齿，早落，萌发枝上的托叶大。柔荑花序；雄花具腺体 2，雌花具腺体 1。蒴果；种子具毛。花期 4 月，果期 5 月。

用途 树皮含鞣质；枝条可供编织。水岸绿化的优良树种。

生长习性 生长速度较快。喜光；耐寒；耐湿，喜生长于水边湿润处，根系长期浸没在水中也能很好地生长。

种质资源 分布于东北和中部各省区；朝鲜、日本也有分布。本市河岸边、太湖沿岸有野生或栽培。

杞柳 **Salix integra** Thunb.

形态特征　落叶灌木；小枝淡黄色或淡红色。叶近对生或对生，萌发枝上的叶有时 3 叶轮生，椭圆状长圆形，长 2~5 厘米，宽 1~2 厘米；叶柄短或近无柄而抱茎。柔荑花序；花先叶开放；腺体 1。蒴果具毛；种子具毛。花期 5 月，果期 6 月。

用途　枝条可供编织。用作观叶的观赏植物，可种作绿篱、彩叶地被。

生长习性　生长势强。喜光，耐寒，耐湿。

种质资源　分布于河北、东北三省的东部及东南部；俄罗斯、朝鲜、日本也有。苏州近年作为观赏植物引种了本种的一个品种——彩叶杞柳（*Salix integra* ‘Nixiki’）：新叶具乳白和粉红色斑。主要种植在城市公园中，如白塘生态植物园等。

8. 杨梅科 Myricaceae

杨梅 **Myrica rubra**（Lour.）Siebold et Zucc.

形态特征 常绿乔木，树冠圆球形；树皮灰色，老时纵向浅裂。叶倒卵状披针形，基部楔形，全缘或中部以上具稀疏锯齿，背面生黄色腺体，常集生于小枝上部。柔荑花序，雌雄异株，雄花序数条或单条，雌花序单条，生于叶腋。每一雌花序仅上端 1（稀 2）雌花能发育成果实。核果球状，外表面具乳头状凸起，外果皮肉质，成熟时红色至紫红色。花期 4 月，果熟 6 月中下旬。

用途 著名水果；叶可提炼芳香油；树皮入药；木材质坚，供细木工用。树冠圆整、常绿，是优良庭园观赏树种。

生长习性 深根性，萌芽性强。宜于稍有荫蔽的环境；喜温暖湿润气候，不耐寒；在酸性、排水良好的土壤上生长最好，在中性及微碱性土壤上也可生长。

种质资源 分布于长江以南各省；日本、朝鲜和菲律宾也有。本市栽培历史悠久，本种古树名木在吴中区东山镇有 2 株，西山镇有 1 株，常熟市林场有 1 株。胸径最大的在吴中区西山秉常村，有两个主干，胸径分别为 63 厘米和 59 厘米，树龄 200 年，为古代嫁接的乌梅种，生长状况旺盛。

作为吴中区东、西山著名的初夏水果，该种有大量品种，如早红、小叶细蒂、大叶细蒂、洞庭细蒂、东魁、乌梅、荸荠、浪荡子等。

野生杨梅分布各地丘陵，但均为零星分布，如光福官山岭、香雪海、铜井山一带，400 平方米样方中有 3~4 株。

9. 胡桃科 Juglandaceae

胡桃科分种检索表

1. 小枝髓心片状分隔，羽状复叶的叶轴具翅……………………………………………枫杨

1. 小枝髓心充实，羽状复叶的叶轴不具翅………………………………………………化香

化香树 **Platycarya strobilacea** Siebold et Zucc.

又名化果树、花龙树、化树。

形态特征 落叶小乔木。枝条髓实心。单数羽状复叶，互生，长 15~30 厘米；小叶有重锯齿，基部稍偏斜，幼时密被毛。柔荑花序组成伞房状花序；柔荑花序包括两种类型：一种位于中央顶端，仅 1 条，其下部生雌花，上部生雄花或无雄花；另一种位于前一种的下方周围，共 3~8 条，全为雄花。果序直立，球果状，长椭圆状圆柱形；小坚果扁平，有 2 狭翅。花期 5~6 月，果期 7~8 月。

用途 根皮、树皮、叶和果实为制栲胶的原料；木材粗松，可做火柴杆；种子可榨油；树皮纤维能代麻；叶可作农药，也可供药用。可作荒山绿化先锋树种。

生长习性 萌芽性强。喜光；耐瘠薄，在酸性土、钙质土上均能生长。

种质资源 分布于华东、华中、华南、西南等省区。各处丘陵山坡均有分布，在穹窿山乾隆御道旁群落中，20×20 平方米样方内约有 4 株，平均胸径 5 厘米。在天平山岩石裸露的山坡，化香树作为优势种组成灌丛。

枫杨 **Pterocarya stenoptera** C. DC.

又名大叶头杨树、鬼头杨、元宝杨树、枫柳。

形态特征 落叶乔木；树皮深纵裂。枝条髓部薄片状。一回羽状复叶互生，叶轴具窄翅；小叶上面有细小疣状凸起，脉上有星状毛，背面有少数盾状腺体。花单性，雌雄同株；柔荑花序，雄的生叶腋，下垂，雌的生株顶，下垂。果序成串下垂；果实长椭圆形，有2片果翅。花期4~5月，果期8~9月。

用途 木材色白质软，可作火柴杆等；叶有毒，能杀虫。本种极耐水湿，可栽于溪边、河滩等低湿地，作为绿化观赏树。其果实两侧有翅，形似元宝，也似馄饨，而且成串挂在树梢，颇美观。

生长习性 深根性；速生。喜光；喜温暖湿润气候，也较耐寒；耐水湿；在酸性至微碱性土上均可生长。

种质资源 分布在陕西、河南及江南广大地区；日本、朝鲜也有。天平山、高新区白马涧等有野生；常见于村头河边，也见于公园栽培。全市共24株列入古树名木，姑苏区10株，常熟市9株，高新区3株，昆山市2株。胸径最大的枫杨位于常熟市区，胸径130厘米，树龄300年，树干中空，长势一般。

10. 桦木科 Betulaceae

江南桤木 **Alnus trabeculosa** Hand.–Mazz.

又名水冬瓜。

形态特征 落叶乔木；树皮灰褐色，平滑；有长短枝之分。叶片倒卵状椭圆形至阔卵形，顶端锐尖、渐尖至尾状，基部近圆形、近心形或宽楔形，边缘具不规则疏细齿。雌雄同株；雄花序多个簇生；果序椭圆形，2~4 个排成总状，果序梗长 1~2 厘米；果苞木质，顶端 5 浅裂。小坚果具翅。

用途 用于河岸、湖畔、低湿处绿化，具护岸、固土及改良土壤的作用。

生长习性 速生；具固氮功能。喜光；喜温湿气候，对土壤的适应性较强，耐水湿。

种质资源 分布于华东、广东、湖南、湖北、河南南部；日本也有。虎丘湿地公园有种植，在张家港作为道路绿化树种。

11. 壳斗科 Fagaceae

壳斗科分种检索表

1. 常绿性，叶革质……………………………………………………………………………2
1. 落叶性，叶纸质……………………………………………………………………………4
2. 小枝密被短绒毛；叶全缘或近顶端有数个钝齿…………………………………石栎
2. 小枝无毛 ……………………………………………………………………………………3
3. 小枝有棱；叶背无毛，有灰白色或浅褐色蜡层…………………………………苦槠
3. 小枝无棱；叶背幼时有白色毛，老时渐脱落，常有白色鳞秕…………………青冈
4.无顶芽；芽鳞2~3片；托叶宽大；叶2列状排列…………………………………板栗
4. 有顶芽；芽鳞多数；托叶线形；叶螺旋状或2列状排列…………………………5
5. 叶全缘 ……………………………………………………………………………柳叶栎
5. 叶有锯齿或波状缺刻………………………………………………………………………6
6. 叶缘锯齿刺芒状………………………………………………………………………………7
6. 叶缘具波状缺刻或粗尖锯齿，均不为刺芒…………………………………………8
7. 叶背面有灰白色星状毛层；树皮木栓层厚……………………………………栓皮栎
7. 叶背面淡绿色，无毛或略有毛；树皮木栓层薄…………………………………麻栎
8. 小枝有毛；叶缘浅波状缺刻……………………………………………………………白栎
8. 小枝无毛，或仅幼时有毛，后脱落；叶缘有粗尖锯齿……………短柄枹栎

板栗 **Castanea mollissima** Blume

又名栗、毛栗。

形态特征 落叶乔木。小枝有短毛或散生长绒毛，无顶芽。叶在小枝上排成 2 列，卵状椭圆形或椭圆状披针形，背面有灰白色星状短绒毛或长单毛，边缘有锯齿，齿端芒状。雄花序直立，雌花集生于雄花序基部。壳斗球形，具分枝针刺，刺上被星状毛，全包着坚果，内有坚果 2~3 个。花期 5 月，果熟期 9~10 月。

用途 坚果甜美，炒食煮食皆可。木材坚硬耐水，适作船板和建筑。

生长习性 深根性，根系发达。喜光，不耐阴；本地品种喜温暖湿润气候；在微酸性至中性、含有机质多、排水良好、土层深厚的沙壤或沙质土上生长良好，在 pH7.5 以上的钙质土和盐碱土上生长不良。

种质资源 分布于我国广大地区，朝鲜也有分布。由于本种的栽培历史悠久，山中植株很难分清栽培与野生，如常熟虞山有百年以上的板栗群落。本市已统计到古树 36 株，其中，常熟市林场 32 株、高新区花山 2 株、东山镇 1 株、穹窿山 1 株。胸径最大的板栗在常熟市林场望月楼，胸径 98 厘米，树高 9 米，树龄 300 年，生长状况一般，截干。另外，在吴中区东山镇共记录到 3 个品种：槎湾栗(*Castanea mollissima* 'Chawan')、九家种（*C. mollissima* 'Jiujia'）、早栗（*C. mollissima* 'Zaoli'）。

苦槠 **Castanopsis sclerophylla**（Lindl.）Schottky

又名血槠、苦槠子。

形态特征　常绿乔木，树冠圆球形；树皮浅纵裂，片状剥落。小枝具棱沟，无毛。叶长椭圆形，两面无毛，背面被灰白色蜡层，叶缘在中部以上有锯齿。雄花序直立。壳斗有坚果 1 个，全包或包着坚果的大部分，小苞片鳞片状；坚果近圆球形。花期 4~5 月，果熟期 10~11 月。

用途　木材坚韧，富弹性，可作建筑、桥梁、家具、体育用具等用材；果含大量淀粉，有苦味，经水洗后制成的豆腐，称为苦槠豆腐。可用于营造风景林、防火林。

生长习性　深根性；生长速度中等偏慢。耐阴；喜温暖湿润气候；在深厚湿润中性至酸性土上生长好，但亦耐干旱瘠薄。

种质资源　分布长江以南各地。在穹窿山、西山、上方山等处有野生。在穹窿山茅蓬坞，毛竹林与紫楠林交界边缘，每 100 平方米有 1~2 株，胸径最大者达 49 厘米，平均胸径 20 厘米。在吴中区穹窿山与昆山淀山湖镇各有 1 株本种古树。

青冈 **Cyclobalanopsis glauca**（Thunb.）Oerst.

又名青冈栎。

形态特征　常绿乔木；树皮平滑不裂。小枝无毛。叶倒卵状或长椭圆形，背面常有白色单毛，老时渐脱落，并常有白色鳞秕，叶缘中部以上有疏锯齿。壳斗碗形，具同心环纹，包围坚果1/3~1/2；坚果卵形或近球形。

用途　木材结构细致、木材坚韧，供车船、地板、滑轮、运动器械等用材。果做饲料、酿酒或制豆腐。常绿，枝叶茂密，是良好的绿化观赏树种，可营造风景林、防火林、防风林。

生长习性　深根性；生长速度中等。较耐阴；喜温暖多雨气候；喜钙质土，常生于石灰岩石山冈，在排水良好、腐殖质深厚的酸性土壤上也能生长。

种质资源　在全国分布很广，北至青海，东至江苏、福建，西至云南、西藏，南至广东、广西等地区；朝鲜、越南、不丹、尼泊尔、锡金、印度北部、克什米尔地区和阿富汗也有分布。在花山、天平山有成片以青冈为建群种的常绿阔叶林。青冈林位于岩石严重裸露的山坡，植株扎根土层较薄的岩石缝中，是本市比较珍贵稀有的一种群落类型。位于天平山的青冈林中，青冈平均高13米，平均胸径10厘米。本种也见于高新区大阳山和常熟虞山，虞山宝岩寺后有1株胸径达22厘米，花山与昆山淀山湖镇各有1株属古树。

石栎 **Lithocarpus glaber**（Thunb.）Nakai

又名柯。

形态特征　常绿乔木；树冠半球形；树皮青灰色，不裂。一年生枝、嫩叶叶柄和叶背、花序轴均密被灰黄色绒毛；二年生枝乌黑色。叶长椭圆形，长6~12厘米，宽2.5~4厘米，顶端短尾状，基部楔形，上部叶缘有2~4个浅裂齿或全缘，背面有灰白色蜡层。雄花序直立。壳斗碟状，鳞片三角形；坚果椭圆形，具白粉。花期8~9月，果熟期翌年9~10月。

用途　木材结构略粗，不甚耐腐，可作家具，农具等。枝叶茂密，可用于庭园及山地绿化等。

生长习性　稍耐阴；喜温暖湿润气候，较耐寒；适于深厚湿润的土壤，但较耐干旱瘠薄。

种质资源　分布于秦岭南坡以南各地的亚热带地区，日本南部也有。本市上方山、三山岛等有少量野生。

麻栎 **Quercus acutissima** Carruth.

形态特征　落叶乔木；树皮深灰褐色，深纵裂。小枝初被毛，后脱落。叶椭圆状披针形，边缘有锯齿，齿端芒状，背面绿色，幼时有短绒毛，后脱落。雄花序下垂。壳斗杯形，包着坚果1/2；坚果卵状球形至长卵形。花期4月，果熟期翌年10月。

用途 木材坚硬、耐磨，供机械用材；果、树皮和叶均能入药；种子含淀粉和脂肪油，淀粉可酿酒和作饲料，油可制肥皂。树干通直，春季嫩叶鹅黄，夏叶浓绿色，秋叶橙褐色，季相变化明显，可用于防护林、风景林的营造。

生长习性 深根性；生长速度中等。喜光；耐寒；适生于土壤肥厚、排水良好的山坡，要求中性至微酸性土壤，不耐盐碱。

种质资源 分布辽宁、河南以南各省区；日本、朝鲜及东南亚也有。全市各山地均有分布，姑苏区与吴中区各有 1 株古树。

白栎 **Quercus fabri** Hance

形态特征 落叶乔木；树皮灰褐色，深纵裂。小枝密生灰褐色绒毛。叶倒卵形或椭圆状倒卵形，顶端钝尖，基部窄楔形，边缘有波状钝齿，背面有灰黄色星状绒毛，叶柄短。雄花序下垂。壳斗杯形，包着坚果 1/3；坚果长椭圆形或椭圆状卵形。花期 4 月，果熟期 10 月。

用途 木材坚硬，作器具及薪炭；种子可酿酒和食用；树枝可培养香菇。

生长习性 喜光；喜温暖气候，耐干旱瘠薄，在肥沃处生长最好。

种质资源 分布于淮河以南、长江流域及以南各省区。各处山地均有分布，吴中区有 2 株本种古树。

柳叶栎 *Quercus phellos* Linn.

形态特征 落叶乔木；树皮暗灰色，平滑，老后不规则开裂，内皮亮橙色。小枝红棕色，无毛。叶片线形至狭椭圆形，通常最宽处在近中部，长 5~12 厘米，宽 1~2.5 厘米，全缘，顶端急尖，有一刺芒。雄花序下垂。壳斗浅杯形，包着坚果 1/4~1/3；坚果卵形至半球形，常具条纹，无毛。果实翌年成熟。

用途 树冠开展，秋叶橙褐色，为观叶景观树种。木材可用于造纸。

生长习性 速生。喜光，又耐阴；在原产地生长于河岸、河流冲积平原，有时也生于排水不畅的高地等，稍耐水湿。

种质资源 原产北美，近年引入我国。苏州记录到 3 株，种植于常熟市林场宝岩观光园东门口，胸径分别为 23 厘米、25 厘米、31 厘米，生长良好。

短柄枹栎 **Quercus serrata** var. **brevipetiolata** (A. DC.) Nakai

又名短柄枹。

形态特征　落叶灌木或乔木；皮灰褐色，深纵裂。幼枝被柔毛，脱落。叶常聚生于枝顶；叶片长椭圆状倒卵形或卵状披针形，长5~11厘米，宽1.5~5厘米，叶缘具内弯浅锯齿；近无叶柄。雄花序下垂。壳斗杯状，包着坚果1/4~1/3；坚果卵形。花期3~4月，果熟期9~10月。

用途　木材坚硬，可制器具；种子富含淀粉，可酿酒。

生长习性　喜光；耐干旱瘠薄。

种质资源　分布于华东、华中、辽宁南部、山西、陕西、甘肃、山东、广东、广西、四川、贵州等省区。苏州各处山地均有生长，在山顶、陡坡土层瘠薄处形成灌丛。

栓皮栎 **Quercus variabilis** Blume

形态特征　落叶乔木；树皮黑褐色，木栓层发达，深纵裂。小枝灰棕色，无毛。叶片椭圆状披针形，边缘有锯齿，齿端芒状，叶背密被灰白色星状绒毛。雄花序长，下

垂。壳斗杯形，包着坚果 2/3；坚果近球形。花期 3~4 月，果熟期翌年 9~10 月。

用途 树皮木栓层是生产软木的原料；树干可用于培植银耳、木耳和香菇等。树干通直，春季嫩叶鹅黄，夏叶浓绿色，秋叶橙褐色，季相变化明显，可用于营造防护林、风景林。

生长习性 深根性，根系发达；生长速度中等；萌芽力强。幼树喜半阴，大树喜光；耐寒；适生于土壤肥厚、排水良好的壤土或沙质壤土，对土壤酸碱度适应范围广，耐干旱、瘠薄，不耐积水。

种质资源 分布于北起辽宁、河北、山西、陕西、甘肃南部，南到广东、广西，西到四川、贵州、云南。各处山地均有分布，能成为次生林乔木层中的优势种，如穹窿山茅蓬坞群落中，每 100 平方米 5~6 株，平均树高 16 米，平均胸径 25 厘米，最大胸径 52 厘米。属于古树的栓皮栎共 5 株，吴中区 2 株，常熟市 2 株，姑苏区 1 株。胸径最大的栓皮栎在吴中区藏书镇天池村寂鉴寺西北角，胸径 85 厘米，树高 17 米，生长状况良好。

12. 榆科 Ulmaceae

榆科分种检索表

1. 叶片具三出脉……………………………………………………………………………2
1. 叶片具羽状脉，侧脉直达齿尖…………………………………………………………6
2. 叶缘自基部向上有锯齿…………………………………………………………………3
2. 叶缘自中部以上有锯齿…………………………………………………………………4
3. 侧脉直达齿尖，叶片两面被平伏硬毛…………………………………………糙叶树
3. 侧脉不达齿尖，上弯，叶片表面无毛………………………………………………青檀
4. 叶较大，长 7~14 厘米，背面密被黄褐色或锈色柔毛及刚毛 ………………珊瑚朴
4. 叶较小，长 3~9 厘米，背面绿色 ……………………………………………………5
5. 芽鳞无毛；叶上面无毛，背面脉腋具簇生毛………………………………………朴树
5. 芽鳞被毛；叶幼时两面疏生毛，老时无毛…………………………………………紫弹树
6. 叶缘为整齐的单锯齿，稀有重锯齿混生…………………………………………………7
6. 叶缘为重锯齿，间或有单锯齿……………………………………………………榆树
7. 叶缘锯齿成桃形……………………………………………………………………………8
7. 叶缘锯齿不为桃形，叶革质；小枝有毛……………………………………………榔榆
8. 叶下面密被柔毛；幼枝密被白色柔毛……………………………………………榉树
8. 叶下面无毛；小枝无毛…………………………………………………………光叶榉

糙叶树 **Aphananthe aspera** (Thunb.) Planch.

形态特征 落叶乔木；树冠圆球形；树皮灰棕色，老时浅纵裂。单叶互生，排成2列；叶片卵形至狭卵形，边缘基部以上有单锯齿，两面粗糙，均有糙伏毛，基部3出脉。核果近球形或卵球形；果柄较叶柄短，有毛。花期3~5月，果期8~10月。

用途 木材坚实耐用，可制农具；茎皮可制纤维；叶做土农药。树干挺拔，树冠广展，可作庭荫树，也可用于公园绿化。

生长习性 喜光，稍耐阴；喜温暖湿润气候及潮湿、肥沃而深厚的酸性土壤。

种质资源 分布华东、华南、西南、山西和陕西，日本、朝鲜和越南也有。各处山地的沟谷、山坡、路旁有零星分布，如穹窿山乾隆御道一段，在毛竹林林缘，与栓皮栎混生，最大胸径达40厘米，平均胸径约28厘米，每100平方米1~2株。除了野生，在少数公园中也有少量栽培。本种列入古树名木的共有4株，吴中区1株，常熟市1株，昆山市1株，姑苏区1株。

紫弹树 **Celtis biondii** Pamp.

形态特征 落叶乔木，树皮暗灰色。小枝幼时黄褐色，密被短柔毛，后渐脱落；冬芽黑褐色，芽鳞被柔毛，内部鳞片的毛长而密。单叶互生，排成2列；叶片卵状椭圆形，长2.5~7厘米，宽2~3.5厘米，基部稍偏斜，中部以上具浅齿，幼时两面被毛，老时无毛，上面脉纹多下陷。核果近球形，熟时黄色至橘红色，核的表面有网纹；果柄长于叶柄一倍以上。花期4~5月，果期9~10月。

用途 木材供建筑及器具用，树皮纤维可做造纸与人造棉原料。

生长习性 深根性，生长较慢。喜光，稍耐阴；喜湿润深厚的土壤，在碱性土

上也能生长。

种质资源 分布于长江流域以及广东、广西和台湾，日本、朝鲜也有。本种在各处山地有少量野生，如位于常熟虞山同治汶路的种群，最大胸径 15 厘米，最小胸径 12 厘米，平均胸径 13 厘米，100 平方米内可见 2 株。

珊瑚朴 **Celtis julianae** C.K. Schneid.

形态特征 落叶乔木，树皮灰色，树冠圆球形。小枝、叶柄、果柄密生褐黄色毛；冬芽褐棕色，内鳞片有红棕柔毛。单叶互生，排成 2 列；叶片厚纸质，宽卵形至尖卵状椭圆形，长 7~14 厘米，宽 3.5~8 厘米，基部不对称，顶端常尾尖，叶背密生短毛，中部以上具浅钝齿。核果，熟时橙红色；核表面略有网孔状凹陷。花期 3~4 月，果期 9~10 月。

用途 木材供建筑及器具用，树皮纤维可做造纸与人造棉原料。高大挺拔的乔木，花果俱美，是很好的庭园树种。

生长习性 深根性，生长速度较快。喜光，稍耐阴；喜温暖气候及湿润、肥沃土壤，在微酸性土至碱性石灰岩山地均能生长。

种质资源 分布于四川、贵州、湖南西北部、广东北部、福建、江西、浙江、安徽南部、河南西部和南部、湖北西部、陕西南部。吴江苗圃引种的本种，来自浙江；虎丘湿地公园有栽培，但种源不明。

朴树 **Celtis sinensis** Pers.

又名青朴、千粒树、朴榆。

形态特征 落叶乔木；树冠扁球形；树皮灰色，不开裂或老时开裂。当年生小枝密生毛，后渐脱落。单叶互生，排成 2 列；叶片中上部边缘有不整齐锯齿，三出脉，背脉隆起并疏生毛。花杂性。核果近球形，单生叶腋，成熟时红褐色；果柄等长或稍长于叶柄；果核有网纹或棱脊。花期 4 月，果期 9~10 月。

用途 茎皮为造纸和人造棉原料，果实榨油作润滑油，根皮可入药。本种是城乡绿化的重要树种，无论是古典园林中，还是现代公园中，抑或是农舍周围，都能见到它的踪影。

生长习性 深根性，生长速度中等。喜光，稍耐阴；喜温暖气候及肥沃、湿润、深厚的中性壤土，能耐轻度盐碱土。

种质资源 分布山东、河南、甘肃和长江流域以南各省区，日本也有。各处山地均有野生，在城乡各处都有栽培。在穹窿山茅蓬坞、孙武苑外，本种最大胸径 56 厘米，平均胸径 28 厘米，100 平方米内可见 3~4 株。本种古树名木全市共有 56 株，昆山市 14 株，姑苏区 13 株，吴中区 13 株，常熟市 6 株，吴江区 6 株，太仓市 3 株，张家港市 1 株，其中最粗的在吴中区金庭镇后堡村 15 组双观音堂，胸径 83 厘米，树高 17 米，树龄 200 年，生长状况一般。

青檀 **Pteroceltis tatarinowii** Maxim.

又名檀、翼朴。

形态特征 落叶乔木，树冠倒伞形；树皮暗灰色，薄长片状剥落。单叶互生，排成 2 列；叶片纸质，卵形，长 3~10 厘米，宽 2~5 厘米，顶端渐尖或尾状渐尖，基部不对称，有不整齐的锯齿，基部 3 出脉。花单性同株。坚果周围具薄翅。花期

3~5 月，果期 8~9 月。

用途 树皮纤维为制作宣纸的主要原料；木材坚硬细致，可供建筑、家具、细木工等用。可作庭荫树、石灰岩山地绿化造林树种。

生长习性 喜光，稍耐阴；耐干旱瘠薄，为喜钙植物，常生于石灰岩山地山谷溪边疏林中。

种质资源 主要分布黄河及长江流域，北达辽宁，南达广东、广西及西南。在昆山市记录到本种较大的个体 4 株，胸径较大者 2 株：1 株在千灯恒升桥，其胸径 42 厘米，树龄 210 年，生长状况旺盛；另 1 株在千灯顾炎武故居，胸径 42 厘米，树高 10 米，树龄 371 年，生长状况一般，树干腐裂，截干，树下萌条多。

榔榆 **Ulmus parvifolia** Jacq.

形态特征 落叶乔木，或冬季叶枯而落；树冠扁球形；树皮灰褐色，不规则薄鳞状片剥落，形成斑点。单叶互生，排成 2 列；叶片质地厚，披针状卵形或窄椭圆形，长 2~5 厘米，基部偏斜，边缘有整齐的单锯齿，稀重锯齿。花簇生叶腋。翅果椭圆形。花果期 8~10 月。

用途 木材材质坚韧，纹理直，耐水湿，可用作制家具、木船等；树皮纤维可用作人造棉原料等。常种植于庭园中，作为庭荫树、观赏树；有较强的耐水湿性，所以常栽于水边池畔；也用于制作盆景。

生长习性 深根性，生长速度中等。喜光；耐干旱，也耐水湿，在酸性、中性及碱性土上均能生长，但以气候温暖，土壤肥沃、排水良好的中性土壤为最适宜的生境。

种质资源 分布于长江流域及以南和河北、山东、陕西、河南等省区，日本、朝鲜也有。在各处山地有野生，农村村前屋后或栽培或野生，古典园林及城市绿地中也有栽种。三山岛有一野生种群，胸径 8~20 厘米，平均胸径 12 厘米，100 平方米内约有 2 株。本种属古树者共 11 株，姑苏区 6 株，吴中区 5 株。

榆树 *Ulmus pumila* Linn.

又名榆、白榆。

形态特征 落叶乔木；树皮暗灰色，不规则深纵裂。单叶互生，排成 2 列；叶片卵状椭圆形，长 2~8 厘米，基部常偏斜，上面无毛，背面幼时有短柔毛，后无毛或脉腋有簇毛，具重锯齿或单锯齿。花先叶开放。翅果近圆形。花果期 3~4 月。

用途 木材结构略粗，坚实，供家具、车辆、农具、器具、桥梁、建筑等用；幼嫩翅果与面粉混拌可蒸食；树皮、叶及翅果均可药用。供城乡绿化之用，可作庭荫树、行道树等。

生长习性 根系发达，速生。喜光；能耐干冷气候、干旱瘠薄及中度盐碱，但不耐水湿。在土壤深厚、肥沃、排水良好的土壤上生长良好。

种质资源 分布于东北、华北、西北及西南各省区，朝鲜、俄罗斯、蒙古也有。本种不如榔榆多见，共记录到古树6株，姑苏区4株，常熟市1株，吴江区1株。

榉树 Zelkova schneideriana Hand.–Mazz.

又名大叶榉树、血榉。

形态特征 落叶乔木；树冠倒卵状伞形；树皮灰色，不裂，至老时薄片状剥落。幼枝有白柔毛。单叶互生，排成2列；叶片厚纸质，边缘有桃形锯齿，表面粗糙，背面密被灰色柔毛。花单性，稀杂性，雌雄同株。核果上部歪斜，几无柄。花期4月，果期9~11月。

用途 优质用材树种，木材纹理细，质坚，能耐水，供桥梁、家具用材；茎皮纤维制人造棉和绳索。本地有名的庭园树，近年来多作行道树，其秋叶橙红，十分美观。

生长习性 深根性，生长速度中等偏慢。喜光；喜温暖气候；在肥沃湿润土壤上生长良好，在酸性至中性及石灰性土壤上均可生长，不耐干旱瘠薄，也忌积水。

种质资源 分布自秦岭、淮河流域，长江流域至广东、贵州和云南。花山、穹窿山等地有野生本种大树。在穹窿山茅蓬坞的本种种群，最大胸径45厘米，平均胸径28厘米，100平方米内有3~4株。本种在本市公园、古典园林、庭园及农舍周围均有栽种，且栽培历史悠久。全市本种古树109株，常熟市40株，吴中区35株，姑苏区28株，太仓市3株，昆山市2株，吴江区1株。胸径最大的在吴中区东山岱松村移山西湾，胸径108厘米，树高12米，树龄1000年，长势一般，其中空主干内生出一株朴树。

光叶榉 **Zelkova serrata** (Thunb.) Makino

又名榉树。

形态特征 乔木；树皮灰白色或褐灰色，呈不规则的片状剥落。小枝被短柔毛，后渐脱落。单叶互生，排成 2 列；叶片薄纸质至厚纸质，卵形至卵状披针形，长 3~10 厘米，边缘有桃形锯齿，老叶背面无毛或主脉两侧有稀疏柔毛。花单性。核果近无梗，上面偏斜。花期 4 月，果期 9~11 月。

用途 树皮和叶供药用。供桥梁、家具用材。

生长习性 深根性，生长速度中等偏慢。喜光，耐寒性较强，在湿润肥沃土壤长势良好。

种质资源 分布于辽宁、陕西、甘肃、山东、华东、华中、广东、四川、贵州，日本、朝鲜和俄罗斯也有。本种在苏州较少见，据调查，在吴中区天池山寂鉴寺、常熟虞山三峰寺以及苏州一些村落中有零星个体，平均胸径约 20 厘米，吴中区与常熟市各有 1 株属于古树。

13. 桑科 Moraceae

桑科分种检索表

1. 小枝无环状托叶痕……………………………………………………………………2
1. 小枝有环状托叶痕……………………………………………………………………5
2. 具枝刺；叶片全缘或 3 裂，卵形或倒卵形………………………………………柘
2. 枝无刺；叶片边缘有锯齿……………………………………………………………3
3. 芽鳞 3~6；叶片上面光滑，无毛……………………………………………………桑
3. 芽鳞 2~3；叶片上面粗糙，被毛……………………………………………………4
4. 乔木，小枝粗；叶宽卵形，叶柄长 3~10 厘米…………………………………构树
4. 灌木，小枝细；叶卵状椭圆形或卵状披针形，叶柄 0.3~2 厘米…………………楮
5. 直立灌木或乔木；落叶性，叶片常掌状分裂……………………………无花果
5. 藤本；常绿……………………………………………………………………………6
6. 叶片椭圆形；基生叶脉伸长，达中部或中部以上……………………………薜荔
6. 叶片披针形或椭圆状披针形；基生叶脉短，不伸长…………………………爬藤榕

楮 **Broussonetia kazinoki** Siebold et Zucc.

又名小构树。

形态特征 灌木；小枝幼时被毛，后脱落。叶片卵状椭圆形或卵状披针形，长3~7厘米，宽3~4.5厘米，不裂或3裂，表面粗糙，背面近无毛；叶柄0.3~2厘米。花雌雄同株，花序球形。聚花果球形，肉质，熟时红色。花期3~4月，果期5~7月。

用途 茎皮纤维可以造纸，根与叶入药。

生长习性 喜光，稍耐阴；生长于山坡、灌丛、林缘。

种质资源 产台湾及华中、华南、西南各省区，日本、朝鲜也有。零星分布各处山地，在张家港香山品香亭的种群中，最大地径4厘米，100平方米内有25株。

本种未见栽培，可开发用于绿化。果实红色、肉质，有观赏价值，也能招引鸟类。

构树 **Broussonetia papyrifera**（Linn.）L'Hér. ex Vent.

又名壳树、楮桃树、楮树、葛树、谷树、角树子、野杨梅子、柯树。

形态特征 落叶乔木，具乳液。枝粗壮，密生白色绒毛。叶片宽卵形，边缘有粗齿，不分裂或3~5深裂，两面有厚柔毛；叶柄长3~10厘米。花雌雄异株，雄花组成柔荑花序，雌花序头状。聚花果球形，直径约3厘米，成熟时肉质、红色。

用途 树皮为优质造纸原料；叶作猪饲料；果实（楮实子）及根入药；叶的乳汁，擦治疮癣；对二氧化硫与氯气有抗性，可用于工矿企业绿化。

生长习性　根系较浅，但侧根延展性强；速生。喜光；耐干旱瘠薄，在水边也能生长，适应性很强，为先锋植物，能迅速占据开敞的荒地。

种质资源　广布于黄河、长江流域以南各省，东亚至东南亚及太平洋岛屿分布。本市各地均有野生。常熟市虞山舜过井路的种群中，最大胸径 36 厘米，最小胸径 4 厘米，平均胸径 12 厘米，100 平方米内约有 20 株。

无花果 **Ficus carica** Linn.

形态特征　落叶灌木，具乳液。小枝有环痕。叶互生；叶片广卵形或近圆形，长 10~20 厘米，通常 3~5 裂，边缘具不规则钝齿，表面粗糙，背面密生细小钟乳体及灰色短柔毛，基部心形。隐头花序形成的果称榕果。榕果梨形，成熟时紫红色或黄色。花果期 5~7 月。

用途　新鲜幼果及鲜叶治痔疗效良好；榕果味甜可食或作蜜饯，又可作药用。也供庭园观赏。

生长习性 根系发达，生长速度较快。喜光；喜温暖湿润气候，不耐寒；对土壤的要求不严。

种质资源 原产地中海沿岸；我国唐代自波斯传入，现各地均有栽培，新疆南部最多。本市城市公园中有栽培，居民也喜欢在居住区园子内栽培。苏州虹越园艺公司引进了 3 个品种，分别是波姬红（*Ficus carica*‘Rouge de Bordeaux’）、日本紫果（*F. carica*‘Violette Solise’）和布兰瑞克（*F. carica*‘branswick’）。

薜荔 **Ficus pumila** Linn.

又名木莲、鬼馒头、天花台、络石藤、鬼球。

形态特征 常绿藤本，具乳液；有环痕。不结果枝有用于攀缘的气根，结果枝则无。叶互生；叶片在不结果枝上的叶小而薄，卵状心形；在结果枝上的叶较大而厚，革质，卵状椭圆形。隐头花序。榕果单生于叶腋，梨形或倒卵形，有短柄。花果期 5~8 月。

用途 成熟果实水洗制凉粉，供食用；根、茎，叶、果药用。园林中用作点缀石头或绿化墙垣和树干。

生长习性 耐阴；喜温暖湿润气候，不耐寒，耐旱；在酸性与中性土上都能生长。

种质资源 分布于长江以南至广东、海南各省，日本（琉球）、越南北部也有。各处山地均有野生，一般攀附于岩石上。在古城墙，如金门城墙上，也能见到；古典园林，如留园、拙政园、沧浪亭的假山石、墙垣上均有，其中包含1株古树。

爬藤榕 **Ficus sarmentosa** var. **impressa**（Champ.）Corner

形态特征 常绿攀缘灌木，具乳液；有环痕。叶互生，近革质，披针形或椭圆状披针形，顶端渐尖，背面灰白色。隐头花序。榕果球形，直径7~10毫米，有短柄。花期4~5月，果期6~7月。

用途 茎皮纤维制纸和人造棉，根供药用。

生长习性 耐阴；喜温暖湿润气候，不耐寒，耐旱。

种质资源 分布于华南、华东和西南。本市在天平山、花山、白马涧有野生；天平山卓笔峰处，有10余丛，地径1~2厘米。

野生种，未见在园林绿化中应用。可用于垂直绿化，效果与薜荔类似。

柘 **Maclura tricuspidata** Carrière

又名柘骨针、制针树、柘刺、角针。

形态特征 落叶灌木或小乔木，具乳液；树皮淡灰色，呈不规则的薄片状剥落。枝有硬刺。叶全缘或3裂。花单性，雌雄异株，头状花序。聚花果近球形，红色；瘦果为宿存的肉质花被和苞片所包裹。

用途 茎皮是很好的造纸原料，根皮入药，木材为黄色染料，叶可作蚕的饲料，果

可食用和酿酒。

生长习性 生长慢。喜光，耐干旱瘠薄，喜钙，常生于阳光充足的荒坡、灌木丛。

种质资源 分布于河北南部、华东、中南、西南等省区，朝鲜、日本有栽培。各处山地均有野生。在邓尉山山顶，化香、短柄枹栎灌林中，100 平方米内仅见 1 株。姑苏区园林中有 1 株柘树属于古树。

我国古时桑柘并称，可见它的用途与桑类似，但在本地只是野生。本种为具刺灌木，所以可以在园林绿化中作为绿篱种植。其球形果实肉质，熟时红色，有观赏价值，还会吸引鸟来采食。

桑 **Morus alba** Linn.

又名桑树。

形态特征 落叶乔木；树冠倒广卵形；树皮，不规则浅纵裂。叶卵形或卵圆形，长 6~15 厘米，宽 6~12 厘米，顶端尖，基部圆形或心形，锯齿粗钝，有时分裂。花单性，柔荑花序，雌雄异株。聚花果（桑葚）圆柱形，成熟时红色或暗紫色。花期 4~5 月，果期 6~7 月。

用途 叶用于养蚕，树皮纤维可作造纸原料，根皮、果实及枝条入药，桑葚可以生食、酿酒。

生长习性 深根性，生长速度较快。喜光；耐寒；耐干旱瘠薄和水湿，对土壤酸碱度要求不严格。

种质资源 原产我国中部和北部，现全国各地及全世界广泛栽培。多见于村落周围，大多为栽培，少数野生。在各处山地中很少能见到，吴中区缥缈峰有野生。树形较大的桑树共记录到 4 株，常熟市 3 株，张家港市 1 株。胸径最大者在常熟支塘镇支东村 42 组，胸径 37 厘米，树龄 50 年，生长状况一般，顶稍枯。

14. 毛茛科 Ranunculaceae

毛茛科分种检索表

1. 复叶通常由 3 小叶组成……………………………………………………………2
1. 复叶通常由 5 小叶组成……………………………………………………威灵仙
2. 小叶边缘有粗锯齿…………………………………………………………女萎
2. 小叶全缘……………………………………………………………………山木通

女萎 **Clematis apiifolia** DC.

形态特征 木质藤本。小枝和花序梗、花梗被较密柔毛。三出复叶对生；小叶片卵形或宽卵形，长3~7厘米，宽2.5~5厘米，上部有缺刻状锯齿，有时3浅裂，两面通常疏生毛。圆锥状聚伞花序；萼片4，白色，狭倒卵形。瘦果纺锤形或狭卵形；宿存花柱羽毛状。花期6~9月，果期9~10月。

用途 根、茎藤或全株入药。本种为野生种，性较强健，可开发用于垂直绿化。

生长习性 喜光，稍耐阴；生于山坡、路边或溪沟边灌丛中。

种质资源 分布江西、福建、浙江、江苏、安徽，朝鲜和日本也有。苏州各处山地有零星分布。

本种与以下威灵仙和山木通，都属于铁线莲属。铁线莲作为观赏植物在国外早就受到很大的重视，培育出了许多园艺品种。近年来，铁线莲在国内也受到追捧，苏州虹越园艺公司目前引进的主要来自欧洲的铁线莲品种多达138个，如王冠、格拉齐娜、吉泽拉、吉恩斯、斯考特将军、哈尼亚、羞答答、天真一瞥、灵感、富士蓝、苏珊夫人、东方晨曲、杰克曼二世、杜兰、爱丁堡公爵夫人、卡斯帕、火焰、鲁佩尔博士、皇帝、粉香槟……尽管铁线莲栽培品种在花色方面更优于野生种，但本土野生种铁线莲在着力塑造本土景观的园林绿地中显得更为适当。三种本土铁线莲可用于垂直绿化，也可以用作地被，但对它们的生长习性和扩繁技术等方面还知之不多，有待进一步研究。

威灵仙 **Clematis chinensis** Osbeck

又名铁脚威灵仙。

形态特征 木质藤本。干后变黑色。一回羽状复叶对生，通常有 5 小叶；小叶片纸质，卵形至卵状披针形，长 1.5~9 厘米，宽约 5 厘米，顶端常有小尖头，基部宽楔形至浅心形，全缘，两面疏生短柔毛或近无毛。圆锥状聚伞花序；萼片 4，白色，长圆形或长圆状倒卵形，雄蕊无毛。瘦果扁；宿存花柱羽毛状。花期 6~9 月，果期 9~11 月。

用途 茎叶入药，全株可作土农药。本种为野生种，性较强健，可开发用于垂直绿化。

生长习性 喜光；较耐瘠薄，生山坡灌丛中或沟边、路旁草丛中。

种质资源 分布于长江流域以南各省区，越南也有。苏州各处山地均有分布，但数量不多。

山木通 **Clematis finetiana** H. Lév. et Vaniot

形态特征 半常绿木质藤本，无毛。三出复叶，基部有时为单叶，对生；小叶片革质，狭卵形至披针形，长4~10厘米，宽1.5~3.5厘米，基部圆形或浅心形，全缘。花常单生，或聚伞花序、总状聚伞花序；萼片4，白色，狭椭圆形或披针形。瘦果镰状纺锤形，有柔毛，宿存花柱羽毛状。花期4~6月，果期9~10月。

用途 全株入药，治感冒、膀胱炎、尿道炎、跌打损伤等。本种为野生种，性较强健，可开发用于垂直绿化。

生长习性 喜光，稍耐阴；畏高温高湿；生山坡疏林、溪边、路旁灌丛及山谷石缝中。

种质资源 分布于长江流域以南各省区。苏州较少见，穹窿山、吴中区缥缈峰等有分布。在穹窿山望湖园至茅蓬坞一带的林缘，在100平方米内记录到2~3株。

15. 芍药科 Paeoniaceae

牡丹 **Paeonia suffruticosa** Andrews

形态特征 落叶灌木。叶互生，通常为二回三出复叶；顶生小叶 3 裂；叶片表面灰绿色，无毛，背面有时具白粉，沿叶脉生少量毛。花单生枝顶，直径 10~17 厘米；苞片 5；萼片 5，不等大；花瓣 5，或为重瓣，颜色多样；心皮 5，稀更多，密生柔毛。蓇葖长圆形，密生黄褐色硬毛。花期 5 月，果期 6 月。

用途 根皮供药用，称“丹皮”。我国传统名花。

生长习性 喜温暖，畏酷热，耐寒；喜光，稍耐阴，但夏季应避免暴晒；在肥沃而排水良好的壤土和沙质壤土上生长良好，耐旱，不耐湿，对微酸性至微碱性的土壤均能适应，但以中性为佳。

种质资源 牡丹为栽培品种，按照现在的研究，其亲本主要为矮牡丹（*Paeonia jishanensis* T. Hong et W. Z. Zhao）、紫斑牡丹［*P. rockii*（S. G.Haw et Lauener）T. Hong & J. J. Li ex D. Y. Hong］、杨山牡丹（*P. ostii* T. Hong et J. X. Zhang）和卵叶牡丹（*P. qiui* Y. L. Pei et D. Y. Hong），或者再加上四川牡丹（*P. decomposita* Hand.-Mazz.）。这些种原产地主要为我国中原至西南地区。牡丹花大色艳，十分富丽堂皇，所以有“国色天香”、“花中之王”的美称，历来为人们所喜爱。通过长期的栽培和选育，目前全世界至少有 1200 个牡丹品种，其中中国有 800 余个，日本与欧美各有 200 余个。苏州各处园林中多数栽种了牡丹。常熟市辛庄镇有古牡丹 1 株。常熟市尚湖公园共收集了牡丹品种 115 个，如银红巧对、曹州红、一品朱衣、珊瑚台、群英、锦袍红、金环红、虞姬艳装、世世の誉、紫二乔（洛阳红）、小魏紫、圣代等。

16. 木通科 Lardizabalaceae

木通 **Akebia quinata**（Houtt.）Decne.

形态特征 落叶木质缠绕藤本。掌状复叶互生或在短枝上簇生，通常小叶 5 片；小叶倒卵形，长 2~5 厘米，宽 1.5~2.5 厘米，顶端圆或微凹，基部圆，背面绿白色；叶柄细而长。花单性同株；雌花大于雄花；花有香味，无花瓣，花萼 3 片，淡紫色，雄蕊 6，心皮 3~6，离生。果长椭圆形，成熟时紫色，腹缝开裂；种子多数。花期 4~5 月，果期 6~8 月。

用途 茎、根和果实药用，利尿、通乳、消炎，治风湿关节炎和腰痛；果味甜可食，种子榨油，可制肥皂。

生长习性 稍耐阴，喜温暖气候和湿润而排水良好的土壤。

种质资源 分布于长江流域各省区，日本和朝鲜也有。见于本市各处山地，如上方山、穹窿山、三山岛等均有分布，但数量较少。

木通在本市城市绿化中尚未见有应用。本种花、叶秀美，果实可赏可食，是一种值得开发利用于园林绿地的野生植物，可用于棚架、山石的绿化。

17. 防己科 Menispermaceae

防己科分种检索表

1. 叶片不为盾状着生，卵形或长卵形，不裂或 3 浅裂……………………………木防己

1. 叶片盾状着生，宽卵形，不分裂，顶端钝……………………………………千金藤

木防己 **Cocculus orbiculatus**（Linn.）DC.

形态特征 近木质缠绕藤本，全株有柔毛。叶互生；叶片纸质至近革质，形状多变，卵形、卵状长圆形或倒心形，长3~10厘米，全缘或微波状，有时3~5裂；掌状脉，多为3条。聚伞花序，腋生，或聚伞圆锥花序，顶生或腋生；花小，雌雄异株，萼片、花瓣各为6；雄花有雄蕊6；雌花有退化雄蕊6，心皮6。核果近球形，红色至紫红色。花期6~7月，果熟9~10月。

用途 藤供编织；根含淀粉，可酿酒；入药有祛风通络、利尿解毒、降血压的功效。

生长习性 喜光，稍耐阴；生于灌丛、村边、林缘等处。

种质资源 分布于除西北地区和西藏外的大部分地区，广布于亚洲东南部和东部以及夏威夷群岛。本市各地，尤其是山地中较多见。

木防己是蝴蝶寄主植物，并且其叶与果有一定的观赏性，但尚为野生，可栽培作棚架绿化。

千金藤 **Stephania japonica**（Thunb.）Miers

形态特征 木质藤本，全株无毛；根圆柱形。叶互生；叶纸质或坚纸质，通常三角状近圆形，长4~8厘米，宽4~7厘米，顶端钝或有小凸尖，基部通常微圆，背面粉白色；掌状脉10~11条；叶柄较长，盾状着生。复伞形聚伞花序；雌雄异株；雄花萼片6或8；花瓣3或5，黄色，雄蕊6，花药合生；雌花萼片和花瓣各3~5，心皮3~6。果近球形，成熟时红色。花期6~7月，果期8~9月。

用途 根与茎药用，有祛风活络、利尿解毒等功效。

生长习性 较耐阴，生于路旁、沟边及山坡林下。

种质资源 分布于长江流域及以南各省区，日本、朝鲜、菲律宾、汤加群岛和社会群岛、印度尼西亚、印度和斯里兰卡也有。苏州各处山地有分布，有时在村落或公园偶见野生，但数量不多。穹窿山望湖园至茅蓬坞一带白栎灌丛下，在 100 平方米内记录到 2~3 株。

本种未见栽培。其圆形盾状叶较为美观，可开发为园林绿地中的地被植物。

18. 木兰科 Magnoliaceae

木兰科分种检索表

1. 叶不分裂，全缘，顶端尖、圆或有凹缺，不为马褂状……………………………………2
1. 叶裂成马褂状 ……………………………………………………………………亚美马褂木
2. 常绿性，叶革质………………………………………………………………………………3
2. 落叶性，叶纸质………………………………………………………………………………7
3. 小枝被锈色毛…………………………………………………………………………………4
3. 小枝不被锈色毛………………………………………………………………………………5
4. 叶柄较长，长约 2 厘米；叶背通常密被锈色绒毛；乔木………………荷花玉兰
4. 叶柄短，长约 4 毫米；叶背无毛或沿脉有少量毛；灌木…………………………含笑
5. 叶长椭圆形，背面有白粉；花白色，花瓣 9 片……………………………深山含笑
5. 叶背面无白粉；花淡黄色，花瓣 6~8 片……………………………………………6
6. 叶背面被平伏毛，卵形或长圆状倒卵形；花瓣 6 片……………………乐昌含笑
6. 叶两面无毛，叶倒披针形或狭倒卵状椭圆形；花瓣 6~8 片……………黄心夜合
7. 芽被 1 芽鳞；叶集生枝顶，椭圆状倒卵形，顶端浅裂或凹缺…………凹叶厚朴
7. 芽被 2 芽鳞；叶散生枝条…………………………………………………………………8
8. 小枝被毛；叶倒卵形，顶端宽圆或平截，具突起小尖头………………………玉兰
8. 小枝无毛……………………………………………………………………………………9
9. 叶上面无毛，下面沿叶脉具弯曲长毛，叶宽倒披针形…………………天目木兰
9. 叶两面有毛…………………………………………………………………………………10
10. 灌木；叶椭圆状倒卵形，顶端渐尖……………………………………………紫玉兰
10. 乔木或小乔木……………………………………………………………………………11
11. 小枝较细；叶矩圆状披针形或卵状披针形，侧脉 10~15 对……………望春玉兰
11. 小枝较粗；叶倒卵形或卵状长椭圆形，侧脉 7~10 对……………………二乔玉兰

亚美马褂木

Liriodendron sino-americanum P. C. Yieh ex Shang et Z. R. Wang

又名杂交马褂木、杂交鹅掌楸。

形态特征 落叶大乔木，高可达 40 米。树皮灰色，一年生枝灰色或灰褐色，具环痕。单叶互生，叶片两侧基部通常各有 1 或 2 裂片；叶柄较长。花较大，单生枝顶，外轮花被片外面绿色或淡黄绿色，内面绿色并具淡黄色条纹，中内两轮淡黄色基部橙黄色。聚合翅果纺锤状。花期 4~5 月，果期 10 月。

用途 本种树形端正，叶形似马褂，又秋叶黄色，是优美的庭园树和行道树。木材可供家具、建筑等用。

生长习性 生长速度较快。喜光；喜温暖湿润气候，较耐寒，也较耐旱，在微酸性至微碱性的土壤上均能生长。

种质资源 本种为分布于中国的马褂木（鹅掌楸 *Liriodendron chinense*）和分布于北美的北美鹅掌楸（*L. tulipifera*）的人工杂交种。苏州多数城市公园中有栽培。

天目木兰

Magnolia amoena Cheng [*Yulania amoena*（Cheng）D. L. Fu]

形态特征 落叶乔木，树皮灰色。小枝紫色，有环痕。叶互生，纸质，宽倒披针形或倒披针状椭圆形，长 10~15 厘米，宽 3.5~5 厘米，顶端渐尖或急渐尖，基部阔楔形，上面无毛，下面幼时叶脉及脉腋有白色弯曲长毛；侧脉 10~13 对；叶柄初被白色长毛，托叶痕为叶柄长的 1/5~1/2。花先叶开放，红色或淡红色，芳香；花被片 9。聚合蓇葖果圆柱形。花期 4 月，果期 9~10 月。

用途 花蕾入药，木材作家具、雕刻之用。优良的庭园观赏与绿化树种。

生长习性 耐阴；耐寒，畏干热；在肥沃湿润、排水良好的酸性土上生长良好。

种质资源 分布于浙江（天目山、龙泉、遂昌）。吴中区光福苗圃从浙江引种了本种。

望春玉兰

Magnolia biondii Pamp. ［*Yulania biondii*（Pamp.）D. L. Fu］

形态特征 落叶乔木；树皮淡灰色，光滑；小枝细长，有环痕，无毛；顶芽密被毛。叶椭圆状披针形、卵状披针形，狭倒卵或卵形，长 10~18 厘米，宽 4~7 厘米，顶端短渐尖，基部楔形或圆钝，下面初被毛，后无毛；侧脉 10~15 对；托叶痕为叶柄长的 1/5~1/3。花先叶开放；花被 9，外轮 3 片萼片状，紫红色，近条形，长约 1 厘米，中内两轮近匙形，白色，外面基部常紫红色。聚合蓇葖果圆柱形。花期 3 月，果期 9 月。

用途 花蕾以“辛夷”入药；花可

制浸膏，作香精；木材可供建筑等用。为园林优良的庭园绿化树种。

生长习性　喜光；适生于肥沃、排水良好的微酸性壤土或沙质壤土上。

种质资源　分布于陕西、甘肃、河南、湖北、四川等省。吴中区东山镇雕花楼花园有 1 株望春玉兰，胸径 34 厘米，生长良好。

玉兰

Magnolia denudata Desr. ［*Yulania denudata*（Desr.）D. L. Fu］

又名白玉兰。

形态特征　落叶乔木，树冠卵形；树皮深灰色，粗糙开裂；小枝稍粗壮，有环痕；芽被毛。叶倒卵形、宽倒卵形，长 10~15 厘米，宽 6~10 厘米，幼时被毛；托叶痕为叶柄长的 1/4~1/3。花先叶开放，花被片 9 片，匙形，白色，基部常带粉红色。聚合蓇葖果圆柱形。花期 2~3 月，果期 8~9 月。

用途　材质优良，供家具、图板、细木工等用；花被片裹面油煎食用，花蕾入药与“辛夷”同效。花大而洁白芳香，为著名庭园观赏树种。

生长习性　生长速度较慢。喜光，稍耐阴；较耐寒；喜湿润排水良好弱酸性土，弱碱性土上也能生长。

种质资源 分布于江西、浙江、湖南、贵州，全国各地栽培。全市园林、城乡绿地中均有栽培，古树名木共 5 株，常熟市城区 2 株、林场 1 株，吴中区东山镇 1 株、穹窿山 1 株。胸径最大的白玉兰在穹窿山上贞观，胸径 48 厘米，树高 7 米，树龄 235 年，生长良好。

荷花玉兰 **Magnolia grandiflora** Linn.

又名广玉兰、洋玉兰、大花玉兰。

形态特征 常绿乔木；树冠阔圆锥形；树皮灰色，不裂或老时开裂；小枝粗壮，具环痕；小枝、芽、叶背面、叶柄均密被锈色毛。叶厚革质，椭圆形，长 10~20 厘米，宽 4~7 厘米，上面深绿色，有光泽；叶柄长约 2 厘米，无托叶痕。花白色；花被片 9~12，倒卵形。聚合蓇葖果圆柱状卵形。花期 5~6 月，果期 9~10 月。

用途 木材材质坚重，可供装饰用。为美丽的庭园绿化观赏树种。

生长习性 生长速度中等。喜光，较耐阴；喜温暖湿润气候，稍耐寒，在肥沃湿润壤土上生长良好。

种质资源 原产北美东部，我国长江流域以南各城市有栽培。苏州市城乡绿地栽培。全市记录有古树名木 27 株，常熟市 14 株（城区 13 株、虞山公园 1 株），姑苏区 6 株，昆山市亭林公园 4 株，吴江区松陵镇和同里镇各 1 株，吴中区木渎镇 1 株。胸径最大的广玉兰位于昆山市亭林公园，胸径 105 厘米，树高 16 米，树龄 310 年，生长良好。

紫玉兰 **Magnolia liliiflora** Desr. [*Yulania liliiflora* (Desr.) D. C. Fu]

又名辛夷、木笔。

形态特征 落叶灌木，常丛生；小枝褐紫色，有环痕，无毛。叶椭圆形或倒卵状椭圆形，长8~18厘米，宽3~10厘米，顶端急尖或渐尖，基部渐狭沿叶柄下延至托叶痕顶端，托叶痕约为叶柄的1/2。花叶同时开放；花被片9~12，外轮3片萼片状，仅中内轮的1/3长，中内轮花被片外面紫色，内面带白色。聚合蓇葖果圆柱形。花期3~4月，果期8~9月。

用途 树皮、叶、花蕾均可入药；花蕾晒干后称“辛夷”，主治鼻炎、头痛，作镇痛消炎剂。著名庭园观赏花木，花蕾似毛笔头，又名木笔。

生长习性 喜光；不耐严寒；适于肥沃、湿润、排水良好的土壤上栽培，忌积水，不耐旱。

种质资源 分布于福建、湖北、四川、云南。苏州各处城市绿地、园林多有栽培，姑苏区有1株属古树名木。

凹叶厚朴 **Magnolia officinalis** var. **biloba** Rehder et E. H. Wilson

又名庐山厚朴。在‘Flora of China’中，本变种并入了厚朴，并且不属于木兰属(*Magnolia*)，而属于厚朴属(*Houpo ë a*)，所用学名为*Houpo ë a officinalis* (Rehder et E. H. Wilson) N. H. Xia et C. Y. Wu。

形态特征 落叶乔木；树皮厚，褐色，不开裂；小枝粗壮，有环痕，幼时有绢毛。叶大，近革质，7~9片集生于枝条上部，长圆状倒卵形，长22~45厘米，宽10~24厘米，

顶端圆钝而有一凹缺，基部楔形，全缘；叶柄较长，托叶痕长为叶柄的 2/3。花白色，花被片通常 9~12，外轮 3 片淡绿色。聚合蓇葖果长圆状卵圆形。花期 4~5 月，果期 10 月。

用途 树皮、根皮、花、种子及芽都作药用，尤其树皮为常用中药材。木材供建筑、细木工等用。叶大荫浓，花大美丽，可作庭荫树。

生长习性 生长速度中等以上。喜光，稍耐阴；喜温暖而并不酷热的气候；在酸性、排水良好的沙质土壤上生长较好。

种质资源 分布于陕西、甘肃、河南、湖北、湖南、四川、贵州。苏州偶见栽培，如常熟赵园、白塘生态植物园等地有栽培。

二乔玉兰

Magnolia × soulangeana Soul.–Bod. [*Yulania × soulangeana* (Soul.–Bod.) D. L. Fu]

又名二乔木兰。

形态特征 落叶小乔木。小枝无毛，有环痕。叶倒卵形至卵状长圆形，长 6~15 厘米，宽 4~7.5 厘米，侧脉 7~9 对，托叶痕至叶柄长的 1/3 处。花先叶开放，浅红色至深红色，花被片 6~9，外轮 3 片花被片约为内轮长的 2/3。聚合蓇葖果长圆柱形。花期 2~3 月(第二次开花 6~7 月)，果期 9~10 月。

用途　庭园观赏植物。

生长习性　喜光，稍耐阴；耐寒；肥沃湿润壤土上生长良好，较耐旱。

种质资源　玉兰与辛夷的杂交种，在国内外庭园中普遍栽培。苏州公园绿地中普遍种植。

乐昌含笑 **Michelia chapensis** Dandy

形态特征　乔木，树皮灰褐色，小枝无毛或嫩时节上（环痕）被灰色微柔毛。叶薄革质，倒卵形或长圆状倒卵形，长 6~16 厘米，宽 3~7 厘米，顶端短渐尖或渐尖，侧脉 9~12 对；叶柄无托叶痕。花生于叶腋，淡黄色，花被片 6。聚合果狭圆柱形。花期 3~4 月，果期 8~9 月。

用途　树姿优美、常绿、花香，是较好的庭园绿化观赏树种。

生长习性　深根性。喜光，幼树喜侧方庇荫；喜温暖湿润的气候，稍耐寒；适生于酸性至微碱性土壤，不耐干旱和水淹。

种质资源　分布于江西、湖南、广东、广西，越南也有。苏州近年引入栽培，如官渎里立交绿地中栽有数十株，桐泾公园中也栽有数十株，均生长良好。吴江苗圃引进的本种种源明确为江西。

含笑 Michelia figo（Lour.）Spreng.

又名含笑花。

形态特征　常绿灌木；芽、嫩枝、叶柄、花梗均密被锈绒毛。小枝具环痕。叶革质，狭椭圆形或倒卵状椭圆形，长 4~9 厘米，宽 2~4 厘米，顶端钝短尖，基部楔形或阔楔形，叶柄近无，托叶痕至叶柄顶端。花生于叶腋，淡黄色，边缘常带紫色，花被片 6。聚合果长柱形。花期 3~5 月，果期 7~8 月。

用途　栽于庭园观赏，其花有苹果香味，花瓣可熏茶叶制花茶，亦可提取芳香油和供药用。

生长习性　喜弱阴；喜温暖湿润气候，稍耐寒，不耐旱，适生酸性土，不耐碱性土。

种质资源　分布于华南南部各省区。苏州各处公园、住宅小区等均有栽培，有含笑古树 3 株，吴中区东山镇 2 株，常熟市虞山公园 1 株。

黄心夜合 Michelia martini（H. Lév.）Finet et Gagnep. ex H. Lév.

又名马氏含笑。

形态特征 乔木，树皮灰色，平滑；嫩枝青绿色，无毛，老枝褐色，疏生皮孔。叶革质，倒披针形或狭倒卵状椭圆形，长 12~18 厘米，宽 3~5 厘米，顶端急尖或短尾状尖，基部楔形，上面中脉凹下，叶柄上无托叶痕。花生于叶腋，花柄密被锈色绒毛；花淡黄色，花被片 6~8。聚合蓇葖果长柱形。花期 4 月，果期 9~10 月。

用途 花可提取芳香油。可作为庭园观赏植物栽种。

生长习性 喜温暖湿润气候，较耐寒，适生于土层深厚、肥沃、排水良好的酸性至微酸性土壤。

种质资源 分布于河南南部、湖北、四川、贵州、云南。苏州中央公园和吴中区天池山寂鉴寺栽种有数株，生长良好。

深山含笑 Michelia maudiae Dunn

形态特征 乔木，各部均无毛；树皮薄、灰色；芽、嫩枝、叶下面、苞片均被白粉。小枝具环痕。叶革质，长椭圆形，稀卵状椭圆形，长 7~18 厘米，宽 4~8 厘米，顶端急尖，基部楔形，下面被白粉。叶柄无托叶痕。花生于叶腋，花被片 9，白色，有时基部稍带淡红色。心皮绿色，狭卵圆形，连花柱长 5~6 毫米。聚合蓇葖果，细长柱形。花期 3 月，果期 9~10 月。

用途 木材供家具、细木工等用；花可提取芳香油，亦供药用。园林绿地观赏树种。

生长习性 根系发达，速生。喜光，苗期需适当遮阴；喜温暖湿润气候，宜土层深厚、肥沃、湿润的酸性沙质土。

种质资源 分布于浙江南部、福建、湖南、广东、广西、贵州。苏州高新区、姑苏区、吴江区偶见作行道树栽种，白塘生态植物园也有。吴江苗圃引进的本种种源明确为浙江。

19. 八角科 Illiciaceae

（APG III 系统中归属五味子科 Schisandraceae）

八角科分种检索表

1. 心皮 7~8（~10）；雄蕊 11~14；叶片长或倒披针形，顶端长渐尖…………红茴香

1. 心皮 10~13；雄蕊 6~11；叶片披针形、倒披针形或椭圆形，顶端尾尖或渐尖 ……………………………………………………………………………………………红毒茴

红茴香 **Illicium henryi** Diels

形态特征 灌木或乔木，树皮灰色。叶互生或簇生，革质，倒披针形，长披针形或倒卵状椭圆形，长 10~15 厘米，宽 2~5 厘米，顶端长渐尖，基部楔形。花粉红至深红、暗红色，腋生或近顶生，单生或 2~3 朵簇生；花被片 10~15；雄蕊 11~14 枚；心皮通常 7~9（12）枚。蓇葖果 7~9，顶端细尖长，轮状排列。花期 4~5 月，果期 8~10 月。

用途 果实有毒，不可作八角茴香使用。栽作庭园观赏树。

生长习性 喜阴湿，宜土层深厚、肥沃、排水良好的酸性沙质土壤上生长。

种质资源 分布于陕西南部、甘肃南部、安徽、江西、福建、河南、湖北、湖南、广东、广西、四川、贵州、云南等省区。在苏州仅记录到吴中区东山镇雕花楼有 1 株（本地称为“孩儿莲”），已作为古树名木加以保护。该株红茴香只开花不结果，每年 4、5 月间开花，其时会有游客慕名而来参观欣赏。

红毒茴 **Illicium lanceolatum** A. C. Sm.

又名莽草、披针叶茴香。

形态特征　灌木或小乔木，树皮灰色。叶互生或稀疏地簇生于小枝近顶端或排成假轮生，革质，披针形、倒披针形或倒卵状椭圆形，长5~15厘米，宽1.5~4.5厘米，顶端尾尖或渐尖、基部窄楔形。花腋生或近顶生，单生或2~3朵，红色、深红色；花被片10~15；雄蕊6~11；心皮10~14枚。蓇葖10~14枚（少有9），顶端细尖长，轮状排列。花期4~6月，果期8~10月。

用途　果实有毒，不可作八角茴香使用。栽作庭园观赏树。

生长习性　耐阴，喜温暖但不耐炎热，宜土层深厚、肥沃、排水良好的酸性沙质土壤上生长。

种质资源　分布于江苏南部（宜兴）、安徽、浙江、江西、福建、湖北、湖南、贵州。本种在苏州极少栽培，其中有1株列入古树名木，在常熟荷香馆。另外，常熟市虞山林场栽培有本种10余株。

20. 蜡梅科 Calycanthaceae

蜡梅 Chimonanthus praecox（Linn.）Link

又名黄梅花、腊梅。

形态特征 落叶灌木，小枝近方形。叶纸质至近革质，椭圆状卵形至长椭圆状披针形，长 7~15 厘米，顶端急尖至渐尖，基部圆形至广楔形，叶面有硬毛，叶背光滑。先花后叶，芳香；花被片蜡质、黄色，基部带紫色或无。果托近木质化，口部有附生物。花期 11 月至翌年 3 月，果期 8 月。

用途 根、叶可药用。花芳香美丽，傲霜斗雪，为人喜爱，是传统名花。

生长习性 喜光，稍耐阴；较耐寒；耐干旱，忌水湿。

种质资源 分布于山东、江苏、安徽、浙江、福建、江西、湖南、湖北、河南、陕西、四川、贵州、云南等省，日本、朝鲜和欧洲、美洲均有引种栽培。苏州各处庭院、园林、公园有栽培。本市列入古树名木的蜡梅共 13 株，吴中区 5 株，常熟市 2 株，太仓市 4 株，吴江区 1 株，姑苏区 1 株。胸径最大者在吴中区东山镇上湾村明善堂，地径 90 厘米，树高 10 米，树龄 400 年，生长良好。

21. 樟科 Lauraceae

樟科分种检索表

1. 部分叶片 2~3 裂，落叶性……………………………………………………檫木
1. 叶不分裂……………………………………………………………………2
2. 叶具离基三出脉……………………………………………………………3
2. 叶具羽状脉…………………………………………………………………4
3. 叶之第一对脉腋有明显腺体，叶柄无毛……………………………樟树
3. 叶之脉腋无腺体，叶柄被毛……………………………………红脉钓樟
4. 落叶性………………………………………………………………………5
4. 常绿性………………………………………………………………………7
5. 顶芽为裸芽，小枝绿色；叶披针形………………………………山鸡椒
5. 顶芽有鳞片包被……………………………………………………………6
6. 叶宽椭圆形至倒卵状椭圆形，侧脉 5~6 对；幼枝被毛……………山胡椒
6. 叶椭圆状披针形，侧脉 8~10 对；幼枝无毛……………………狭叶山胡椒
7. 叶两面无毛，边缘细波状…………………………………………………月桂
7. 叶下面被毛，全缘…………………………………………………………8
8. 叶倒卵形，下面密被黄褐色或锈褐色毛………………………………紫楠
8. 叶椭圆形或倒卵状椭圆形，下面被灰褐色毛…………………………浙江楠

樟树 Cinnamomum camphora (Linn.) J. Presl

又名香樟、樟、香樟树。

形态特征 常绿乔木。叶互生，薄革质，卵形，两面无毛，有离基三出脉，脉腋有腺体。圆锥花序腋生；花小，淡黄绿色；花被片6，能育雄蕊9，花药4室，退化雄蕊3；子房球形。果球形，成熟时紫黑色；果托杯状。花期4~5月，果期11月。

用途 本种是重要的材用和特种经济树种，根、木材、枝、叶均可提取樟脑、樟油；木材质优，供建筑、造船、家具、箱柜、板料、雕刻等用。本种枝叶浓密，树形美观，可作行道树和防风林。

生长习性 深根性，生长速度中等。喜光，稍耐阴；喜温暖湿润气候，耐寒性不强；对土壤要求不严，较耐水湿，不耐干旱、瘠薄和盐碱土。

种质资源　分布于长江以南及西南。本种为苏州市市树，在苏州普遍栽培，在吴中区东山、西山等地有野生大树，在上方山、灵岩山、张家港香山等地有近于野生的小片樟树林。本市共有香樟古树名木 103 株，吴中区 43 株，姑苏区 39 株，常熟市 18 株，昆山市 2 株，吴江区 1 株。胸径最大者在吴中区金庭镇后堡村 13 组双观音堂，胸径 242 厘米，树高 24 米，树龄 1000 年，生长状况一般，主干中间枯死。

月桂 **Laurus nobilis** Linn.

形态特征　常绿小乔木或灌木状，树皮黑褐色。小枝具纵向细条纹，幼时略被毛。叶互生，长圆形或长圆状披针形，长 5.5~12 厘米，宽 2~3 厘米，顶端渐尖，基部楔形，边缘细波状，两面无毛；叶柄带紫红色。雌雄异株；花小，黄色；伞形花序腋生。核果椭圆球形。花期 4 月，果期 9~10 月。

用途　叶和果含芳香油，用于食品及皂用香精；叶片可作调味香料。良好的庭园绿化植物。

生长习性　喜光，稍耐阴；喜温暖湿润气候；宜深厚、肥沃、排水良好的土壤，耐旱，在酸性、中性及微碱性土壤上均能生长。

种质资源　原产地中海一带，我国引种栽培。月桂在苏州极少栽培，在艺圃有 1 株，生长良好。

狭叶山胡椒 **Lindera angustifolia** W. C. Cheng

又名鸡婆子。

形态特征 落叶灌木或小乔木。小枝黄绿色，冬芽鳞片有明显的脊。叶椭圆状披针形或长椭圆形，背面苍白色。花序无总梗；雌雄异株；能育雄蕊 9，花药 2 室；雌花有退化雄蕊 9，子房卵形，无毛。果实近球形，成熟时黑色。

用途 种子含脂肪油，可制肥皂和作机械润滑油；果、叶可提取芳香油。

生长习性 深根性。喜光，稍耐阴，耐干旱瘠薄。

种质资源 分布于华东、华中及华南，朝鲜也有。各处山地均有野生，生于灌丛中、林缘、疏林下。穹窿山望湖园至茅蓬坞的白栎灌丛中调查到的 1 个狭叶山胡椒种群中，100 平方米中有 2~3 株。

山胡椒 **Lindera glauca**（Siebold et Zucc.）Blume

又名牛筋树、白叶钓樟、假死柴。

形态特征 落叶灌木或小乔木。小枝黄褐色，有毛。芽鳞片红褐色。叶椭圆形至倒卵状椭圆形，背面苍白色，密生细柔毛。伞形花序腋生，有短总梗；雌雄异株；能育雄蕊 9，花药 2 室。果实球形，熟时黑色或紫黑色。花期 3~4 月，果期 7~9 月。

用途 果及叶可提取芳香油。种子含脂肪油，可制肥皂及机械润滑油；根、叶、果实供药用。

生长习性 深根性。喜光，稍耐阴，耐干旱瘠薄，对土壤的适应性广。

种质资源 分布于长江流域以南各省区及河南、陕西等地，越南、朝鲜、日本也

有。山胡椒在苏州各处山地均有野生，在穹窿山望湖园至茅蓬坞一段的调查中，100 平方米内记录到该种 3~5 株。

山胡椒与狭叶山胡椒是本地山林中较为常见的乡土树种，但均处于野生状态，未见在绿化中应用。两种植物均为小乔木或灌木，可生长于林缘、疏林下、灌丛中，所以可与其他乔灌木配合种植于城乡绿地。

红脉钓樟 **Lindera rubronervia** Gamble

又名庐山乌药。

形态特征 落叶灌木或小乔木，树皮灰黑色。小枝棕黑，无毛。冬芽红色，无毛。叶互生，卵形，狭卵形，有时披针形，长 4~8 厘米，宽 2~4 厘米，上面沿中脉疏被短柔毛，下面淡绿色，被柔毛，离基三出脉，侧脉 3~4 对，脉和叶柄（干后）变红；叶柄被短柔毛。伞形花序腋生；雌雄异株；花被片 6，黄绿色；能育雄蕊 9。果球形，熟时紫黑色。花期 3~4 月，果期 8~9 月。

用途 果、叶可提取芳香油。

生长习性 喜光，较耐阴。生于山坡林下、溪边或山谷中。

种质资源 产河南、安徽、江苏、浙江、江西等省。苏州吴中区穹窿山宁邦寺前有 10 余株，地径 1~3 厘米。

根据文献及近期调查，红脉钓樟在苏州仅见于穹窿山，且个体很少，所以它在苏州是一个稀有种。本种秋叶猩红色或亮黄色，很具观赏价值。因此，对于本种，在苏州首先应加强保护，主要是保护它的生长环境，其次进行扩繁试验，培育种苗，将它应用到城市绿地中去。

山鸡椒 **Litsea cubeba**（Lour.）Pers.

又名山苍子。

形态特征 落叶灌木或小乔木；幼树树皮黄绿色，光滑，老树树皮灰褐色。小枝细长，绿色，无毛，枝、叶具芳香味。顶芽无鳞片包被，外面具柔毛。叶互生，披针形或长圆形，长 4~11 厘米，宽 1~2.5 厘米，下面粉绿色，两面均无毛，羽状脉；叶柄无毛。伞形花序单生或簇生，总梗细长；雌雄异株；花先叶或与叶同放，花被片 6，黄色；能育雄蕊 9。果近球形，成熟时黑色。花期 2~3 月，果期 7~8 月。

用途 花、叶和果皮可蒸提山苍子油，油内含柠檬醛约 70%，供医药制品和配制香精等用。果实入药可治疗血吸虫病。

生长习性 浅根性，速生。喜光，稍耐阴；生于向阳的山地、灌丛、疏林或林中路旁。

种质资源 分布于长江以南各省区，东南亚各国也有。苏州已知常熟虞山有野生山鸡椒分布。分布点有两处，即石屋路和同治汶路，其中石屋路有胸径较大的个体，最大胸径 10 厘米，且林下有小苗，100 平方米样地中有小苗约 30 株。

浙江楠 **Phoebe chekiangensis** C. B. Shang ex P. T. Li

形态特征 常绿乔木，树干通直；树皮淡褐黄色，薄片状脱落。小枝有棱，密被黄褐色或灰黑色毛。叶革质，倒卵状椭圆形或倒卵状披针形，长 7~13 厘米，宽 3.5~5 厘米，顶端渐尖，基部楔形，上面幼时有毛，后无毛，下面被灰褐色柔毛；叶柄被毛。圆锥花序腋生，被毛；花被片卵形，两面被毛。果椭圆状卵形，熟时蓝黑色，被白粉；宿存花被片革质，紧贴。花期 4~5 月，果期 9~10 月。

用途 木材优良，可作建筑、家具等用材。树干高大、通直，四季常绿，为优良园林绿化树种。

生长习性 深根性，生长速度较慢。耐阴，喜温暖湿润气候，宜于湿润而排水良好的微酸性及中性土壤生长。

种质资源 分布于浙江、福建、江西。苏州姑苏区有 1 株浙江楠古树。

紫楠 **Phoebe sheareri**（Hemsl.）Gamble

形态特征 常绿乔木，树皮灰白色。小枝、叶柄及花序密被黄褐色或灰黑色柔毛或绒毛。叶革质，倒卵形、椭圆状倒卵形或阔倒披针形，通常长 12~18 厘米，宽 4~7 厘米，顶端突渐尖或突尾状渐尖，基部渐狭，上面无毛或沿脉上有毛，下面密被黄褐色柔毛。圆锥花序，被毛；花被片 6，两面被毛；子房球形，无毛。果卵形，成熟时黑色；宿存花被片紧贴，与果柄均被毛。花期 4~5 月，果期 9~10 月。

用途 木材结构细，坚硬，耐腐性强，是建筑、造船、家具等优秀用材。株形优美，常绿，在城乡绿地中值得推广应用。

生长习性 深根性，萌芽性强；生长缓慢。耐阴；喜温暖湿润气候，较耐寒；在深厚、肥沃、湿润而排水良好的微酸性及中性土壤上生长良好。

种质资源 野生紫楠在苏州仅见于穹窿山茅蓬坞。该处紫楠平均树高 11 米，平均胸径 19 厘米，最大胸径 30 厘米，与栓皮栎等作为优势种，组成小片森林，是江苏省内稀有的植物群落类型。茅蓬坞已于 20 世纪 80 年代成为江苏省自然保护区。另外，吴中区东山镇有 1 株列入古树名木。

檫木 **Sassafras tzumu**（Hemsl.）Hemsl.

又名檫树。

形态特征　落叶乔木；树皮幼时黄绿色，平滑，老时灰褐色，不规则纵裂。枝条稍具棱，无毛。叶互生，集生枝顶，卵形或倒卵形，长 9~18 厘米，宽 6~10 厘米，全缘或 2~3 浅裂，羽状脉或离基三出脉；叶柄纤细，常带红色。花序顶生，先叶开放，被毛；花杂性，黄色；花被裂片 6，能育雄蕊 9。果近球形，熟时蓝黑色，果托浅杯状。花期 3~4 月，果期 5~9 月。

用途　深根性，速生。喜光，不耐阴；喜温暖湿润气候；适生于深厚、肥沃、湿润而排水良好的酸性土壤。

生长习性　木材坚硬，耐湿，不受虫蛀，供建筑、造船、桥梁、家具等用；根和树皮入药；种子榨油，供制皂及润滑油用。树干通直、高大，叶于秋季变橙红色，黄花开在春季叶展开前，颇具观赏性，是良好的城乡绿化树种。

种质资源　分布华东、华南和华中至西南地区。苏州有栽培，如常熟虞山公园有小片檫木林，白塘植物园有 10 余种。在吴中区灵岩山有数株本种大树散生林中，似为野生。

22. 虎耳草科 Saxifragaceae

（在 APG III 系统中，下列 2 种归属于绣球科 Hydrangeaceae ）

虎耳草科分种检索表

1. 小枝无毛；叶对生，具粗锯齿，近无毛；伞房花序，球形……………………绣球

1. 小枝被短柔毛；叶在小枝上部常 3 片轮生，具细锯齿，下面被毛；花序圆锥状，塔形 ……………………………………………………………………………圆锥绣球

绣球 Hydrangea macrophylla（Thunb.）Ser.

又名八仙花。

形态特征 灌木。枝圆柱形，无毛，有少量皮孔。叶纸质或近革质，对生，倒卵形或阔椭圆形，长6~15厘米，宽4~11.5厘米，顶端短尖，基部钝圆或阔楔形，具粗锯齿，两面无毛或仅下面有少量毛；叶柄粗壮，无毛。伞房状聚伞花序近球形；不育花萼片4，粉红色、淡蓝色或白色；孕性花极少数。花期6~8月。

用途 本种有较多的园艺品种，其花序球形，大而美丽，有很高的观赏性；入药有清热抗疟等效。

生长习性 喜阴；喜温暖气候，不耐寒；适生于深厚、肥沃、湿润而排水良好的酸性土壤。

种质资源 分布于山东、安徽、浙江、福建、河南、湖北、湖南、广东及其沿海岛屿、广西、四川、贵州、云南等省区，野生或栽培；日本和朝鲜也有分布。苏州各地栽培。本种品种很多，苏州虹越园艺公司目前引进的品种有11个，魔幻水晶（*Hydrangea macrophylla* 'Magical Cryatal'）、拉维布兰（*H. macrophylla* 'Lavblaa'）、爱你的吻（*H. macrophylla* 'Love You Kiss'）、粉色回忆（*H. macrophylla* 'Meissen'）、史欧尼（*H. macrophylla* 'Masja'）等。

圆锥绣球 **Hydrangea paniculata** Siebold

形态特征 灌木或小乔木。小枝暗红褐色或灰褐色，幼时被疏柔毛，略带方形，有浅色皮孔。叶纸质，对生，向上三叶轮生，卵形或椭圆形，长 5~14 厘米，宽 2~6.5 厘米，顶端渐尖或急尖，具短尖头，基部圆形或阔楔形，边缘有密集稍内弯的小锯齿，上面无毛或有稀疏糙伏毛，下面稍被长柔毛；叶柄长 1~3 厘米。圆锥状聚伞花序尖塔形，序轴及分枝密被短柔毛；不育花较多，白色；萼片 4，不等大；孕性花萼筒陀螺状；花瓣白色。蒴果椭圆形。花期 7~8 月，果期 10~11 月。

用途 供观赏，入药有清热抗疟等效。

生长习性 多生于溪边或较湿处，耐寒性不强。

种质资源 分布于西北（甘肃）、华东、华中、华南、西南等地区，日本也有分布。苏州有栽培。苏州虹越园艺公司目前引进了 2 个品种：香草草莓（*Hydrangea paniculata* ‘Vanille Fraise’）和白玉（*H. paniculata* ‘Grandiflora’）。

23. 海桐花科 Pittosporaceae

海桐 **Pittosporum tobira**（Thunb.）W. T. Aiton

形态特征 常绿小乔木或灌木。叶常聚生枝顶；叶片革质，嫩时有柔毛，狭倒卵形，长5~12厘米，宽1~4厘米，顶端钝圆或内凹，基部窄楔形，全缘，边缘常外卷。伞形花序或伞房状伞形花序，密被毛。萼片5；花瓣5，白色，后变黄色；雄蕊5，二型。蒴果近球形，有棱角；果瓣3，木质，具横格；种子鲜红色。花期5月，果期10月。

用途 株形圆整，四季常青，花味芳香，种子红艳，并对二氧化硫等有害气体有较强的抗性，是南方城市及庭园常见的绿化观赏树种。根、茎、叶均可入药。

生长习性 喜光，略耐阴；喜温暖湿润气候和肥沃润湿土壤，耐轻微盐碱。

种质资源 分布于长江以南滨海各省，长江流域及其以南各地庭园习见栽培；日本及朝鲜也有分布。苏州各地均有栽培。

24. 金缕梅科 Hamamelidaceae

金缕梅科分种检索表

1. 叶掌状分裂，裂片 3~7，掌状脉……………………………………………………枫香
1. 叶不分裂，全缘或有锯齿，羽状脉……………………………………………………2
2. 叶革质，全缘或上部具数齿；常绿性………………………………………………3
2. 叶纸质，有锯齿；落叶性………………………………………………………………5
3. 枝叶被星状毛，无鳞秕；长 2~5 厘米…………………………………………………4
3. 枝叶被鳞秕及星状毛…………………………………………………………………蚊母树
4. 叶绿色或暗绿色…………………………………………………………………………檵木
4. 幼叶与嫩枝淡红色，老叶暗紫色或暗绿色………………………………………红花檵木
5. 芽无柄，被星状毛；叶纸质，边缘具不整齐锯齿；托叶小………………牛鼻栓
5. 芽有短柄，被绒毛；叶厚纸质，边缘有波状钝齿；托叶大，披针形………………6
6. 叶长 8~15 厘米，宽 6~10 厘米，侧脉 6~8 对，基部偏斜明显………………金缕梅
6. 叶长 4~6.5 厘米，宽 2~4.5 厘米，侧脉 4~5 对，基部不偏斜或微偏…………银缕梅

蚊母树 **Distylium racemosum** Siebold et Zucc.

形态特征 常绿灌木或乔木；嫩枝、嫩叶背面、裸芽被星状鳞毛，后脱净。叶革质，椭圆形或倒卵状椭圆形，长 3~7 厘米，宽 1.5~3.5 厘米，顶端钝或略尖，基部阔楔形，全缘；叶柄稍被星状鳞毛。总状花序，被星状鳞毛；雌花位于花序的顶端；花药红色。蒴果卵圆形，密生星状毛，宿存花柱 2。花期 4 月，果期 9 月。

用途 木材坚硬，可供雕刻等用。常在城市绿地中栽作绿篱。

生长习性 萌芽力强，耐修剪。喜光，稍耐阴；喜温暖湿润气候和肥沃润湿、排水良好的土壤，在酸性至中性土壤上均能生长。

种质资源 分布于福建、浙江、台湾、广东、海南岛，朝鲜及日本琉球也有。苏州各地绿地中有栽培，姑苏区有 1 株列入古树名木，地径 18 厘米；虎丘区有 2 株较大的个体，地径分别为 28 厘米、27 厘米；太仓市人民公园有 2 株，地径分别为 38 厘米、58 厘米。

牛鼻栓 **Fortunearia sinensis** Rehder et E. H. Wilson

形态特征　落叶灌木或小乔木。小枝和叶柄均有星状毛。叶纸质，长 7~16 厘米，宽 4~10 厘米，顶端锐尖，基部圆形或截形，稍偏斜，边缘有不规则波状齿，叶脉伸入齿尖呈刺芒状。两性花和雄花同株。蒴果木质，密布白色皮孔。花期 3~4 月，果期 7~8 月。

用途　因其木材坚韧，常用来拴牛鼻子，由此得名。

生长习性　喜光，稍耐阴；生于山地路边、林缘和山坡杂木林中。

种质资源　分布在江苏、浙江、安徽、湖北、河南等省。苏州一些山地有分布，如吴中区穹窿山，高新区阳山、花山等。在穹窿山茅蓬坞，最粗的 1 株牛鼻栓，胸径 21 厘米，已列入古树名木名录。

牛鼻栓在苏州尚只见野生，其树冠开展，枝叶茂密，秋叶黄艳，可开发为庭荫树种。

金缕梅 **Hamamelis mollis** Oliv.

形态特征　落叶灌木或小乔木。嫩枝及叶被星状毛。叶阔倒卵圆形，长 8~15 厘米，宽 6~10 厘米，顶端短急尖，基部偏斜，边缘有波状钝齿。头状或短穗状花序腋生；花瓣带状，黄色。蒴果卵圆形，密被黄褐色星状绒毛，萼筒长约为蒴果 1/3。花期 2~3 月，果期 10 月。

用途 花先叶开放，金色的花朵成簇地生于枝头，十分美观，是著名观花树种。

生长习性 喜光，耐半阴；喜温暖湿润气候，较耐寒，畏炎热；在酸性至中性土壤上均能生长。

种质资源 分布于四川、湖北、安徽、浙江、江西、湖南及广西等省区。苏州有栽培，见于白塘生态植物园。

枫香 **Liquidambar formosana** Hance

又名枫香树、枫树、九空子、路路通。

形态特征 落叶乔木。叶掌状，浅裂（3~5，7），顶端渐尖，基部心形或截形，边缘有锯齿。花单性，雌雄同株；雄花排列成柔荑花序，无花被，雄蕊多数；雌花排列成头状花序，无花瓣，萼齿 5，钻形，花后增长，子房半下位，2 室，花柱 2。果序球形，下垂，宿存花柱和萼齿针刺状。花期 3~4 月，果期 10 月。

用途 木材作家具、建筑用材；果实药用，名为“路路通”；树脂能活血、解毒；树皮可制栲胶。耐火力强，入秋叶变红色，为林区防火及绿化观赏树种。

生长习性　喜光，幼树耐阴；喜温暖湿润气候和深厚润湿、排水良好的土壤，耐干旱瘠薄。

种质资源　分布于黄河以南各省区，西至四川、贵州，南至广东，东至台湾；越南北部、老挝及朝鲜南部也有。在苏州各处山地都有野生，也见于城市绿地中栽培。虞山同治汶路一带的枫香群落中，每 100 平方米内有 9 株枫香。最大胸径 16 厘米，最小胸径 4 厘米，平均胸径 10 厘米。每年秋天，有大量游客去天平山观赏红叶，而枫香便是红叶中的主角。全市共记录到属于古树名木的枫香 33 株，天平山 15 株（还有更多有待调查后加以补充），树龄 400 多年，常熟市 15 株，吴中区 2 株，高新区 1 株。

檵木 Loropetalum chinense（R. Br.）Oliv.

形态特征　常绿或半常绿灌木或小乔木。小枝有锈色星状毛。叶革质，下面密生星状柔毛。苞片线形；萼筒有星状毛。花瓣 4 枚，淡黄白色，带状线形；子房半下位，花柱 2 条。蒴果褐色，木质，有星状毛。花期 3~4 月，果期 8 月。

用途　用于园林绿化，或制作树桩盆景。根、叶、花、果入药。

生长习性　耐半阴；喜温暖湿润气候和酸性土壤。

种质资源　分布在华东、华南、西南各省区，日本、印度东北部也有。各处山地野生于山坡灌丛，如在大阳山凤凰寺往西北处调查到的檵木种群，在 100 平方米范围内有 20 株，地径最大 3 厘米，最小 2 厘米，平均地径 2 厘米。

红花檵木 **Loropetalum chinense** var. **rubrum** Yieh

形态特征 常绿或半常绿灌木或小乔木。嫩枝淡红色，有锈色星状毛。叶革质，幼叶淡红色，老叶暗紫色或暗绿色，下面密生星状柔毛。苞片线形；萼筒有星状毛。花瓣 4 枚，红色，带状线形；子房半下位，花柱 2 条。蒴果褐色，木质，有星状毛。花期 3~4 月，果期 8 月。

用途 用于园林绿化，或制作树桩盆景。根、叶、花、果入药。

生长习性 耐半阴，喜温暖湿润气候和酸性土壤。

种质资源 分布于湖南长沙岳麓山。苏州城市绿地中常见栽培。

银缕梅

Parrotia subaequalis（H. T. Chang）R. M. Hao et H. T. Wei

又名小叶金缕梅。

形态特征 落叶小乔木，裸芽及幼枝被星状毛。单叶，互生，薄革质，倒卵形，长 4~7.5 厘米，宽 2.5~4.5 厘米，两面被星状毛，边缘中上部具波状钝齿 4~6。短穗状花序，基部多为雄花，上部多为两性花；花先叶开放，无花瓣，雄蕊花丝较

长，下垂。蒴果近圆形，干后2裂。花期3~4月，果期8~10月。

用途 国家Ⅰ级重点保护野生植物。树姿优美，秋季叶紫红或黄色，具观赏价值。

生长习性 生于山坡林中，喜石灰质土壤。

种质资源 分布于江苏（宜兴）、浙江（安吉）、安徽（金寨、绩溪、舒城）、江西（庐山）。在苏州，银缕梅栽培于常熟市虞山林场，引种自宜兴。

25. 杜仲科 Eucommiaceae

杜仲 **Eucommia ulmoides** Oliv.

形态特征 落叶乔木，树冠圆球形；树皮灰褐色。枝、叶、果及树皮断裂后均有白色细丝相连。单叶互生，椭圆形或长圆状卵形，长 4~13 厘米，宽 3~7 厘米，边缘有锯齿；无托叶。花雌雄异株，无花被，先叶开放。翅果扁平，长椭圆形。花期 3~4 月，果期 9~10 月。

用途 树皮药用，用作强壮剂、降血压；树皮产的硬橡胶供工业原料及绝缘材料用；木材供建筑及制家具。树干直，枝叶茂密，可栽作庭荫树、行道树。

生长习性 生长速度中等。喜光，不耐阴；喜温暖湿润气候，耐寒力强；以土层深厚、肥沃、湿润、排水良好的壤土最宜，稍耐干旱瘠薄，在酸性至微碱性土壤上均能生长。

种质资源 分布于长江中下游各省区。杜仲在苏州少见栽培。全市有 4 株较大的个体，常熟市 3 株（碧溪镇 2 株、城区温府 1 株），昆山市千灯镇 1 株。胸径最粗者在温府，胸径 36 厘米，树高 13 米，树龄 100 年，生长良好。

26. 悬铃木科 Platanaceae

二球悬铃木 **Platanus × acerifolia**（Aiton）Willd.

又名悬铃木、英国梧桐。

形态特征　落叶乔木，树皮光滑，大片块状脱落。叶阔卵形，长10~24厘米，宽12~25厘米，两面嫩时被毛，后仅在背脉腋内有毛；基部截形或微心形，掌状5裂，少数3或7裂；叶柄被毛；托叶较大。花单性，雌雄同株，头状花序；花通常4数。球状果通常2个1串，偶有3个1串或单个，宿存花柱刺毛状。

用途　用于街道绿化，栽作行道树。

生长习性　速生。喜光，不耐阴；喜温暖湿润气候；耐干旱、瘠薄，亦耐湿。

种质资源　二球悬铃木是三球悬铃木 *Platanus orientalis* 与一球悬铃木 *P. occidentalis* 的杂交种，我国各地引种栽培。本种在苏州较常见，用于公园绿化，但多作行道树，如姑苏区公园路、十全街等行道树便为本种。全市本种古树有3株，太仓市2株，姑苏区1株。

27. 蔷薇科 Rosaceae

蔷薇科分种检索表

1. 单 叶 ……………………………………………………………………………………2
1. 复 叶 ……………………………………………………………………………………36
2. 无托叶 …………………………………………………………………………………3
2. 有托叶 …………………………………………………………………………………5
3. 叶除基部外均有锯齿…………………………………………………………………4
3. 叶全缘，或近顶部有少数粗锯齿……………………………………………白鹃梅
4. 叶片菱状卵形至倒卵形，下面密被黄色绒毛…………………………中华锈线菊
4. 叶片卵形至卵状椭圆形，下面无毛或仅沿叶脉有短柔毛………………粉花锈线菊
5. 蔓生灌木，茎有皮刺…………………………………………………………………6
5. 直立乔灌木，无刺或有枝刺，无皮刺……………………………………………8
6. 叶 分 裂 …………………………………………………………………………………7
6. 叶不分裂，卵形至卵状披针形…………………………………………………山莓
7. 叶掌状深裂，裂片 5，稀 3 或 7，裂片顶端渐尖……………………… 掌叶复盆子
7. 叶 5 浅裂，裂片钝圆…………………………………………………………………寒莓
8.常绿性……………………………………………………………………………………9
8. 落叶性 …………………………………………………………………………………12
9. 无枝刺 …………………………………………………………………………………10
9. 有枝刺；叶片倒卵形或倒卵状长圆形，顶端通常圆……………………………火棘
10. 枝无毛，成熟叶背面无毛，上面光滑……………………………………………11
10. 小枝和叶背面密被锈色毛，上面多皱………………………………………………枇杷
11. 叶基楔形，枝条上部的叶通常红色……………………………………红叶石楠
11. 叶基圆形或宽楔形，仅幼嫩未长成之叶或脱落前的老叶为红色……………石楠
12. 托叶圆领形、镰刀形、卵状披针形，边缘具整齐细锯齿，有枝刺或棘状短枝…
……………………………………………………………………………………………13
12. 托叶不为圆领形或镰刀形，边缘不具整齐细锯齿………………………………16
13. 叶不分裂，通常椭圆形………………………………………………………………14

13. 叶顶端 3 浅裂，倒卵形……………………………………………………野山楂

14. 有枝刺……………………………………………………………………………15

14. 有棘状短枝………………………………………………………………………木瓜

15. 灌木；叶幼时背面无毛或稍有毛，锯齿尖锐……………………………贴梗海棠

15. 小乔木；叶幼时背面密被褐色绒毛，锯齿刺芒状………………………木瓜海棠

16. 叶分裂，至少部分叶分裂……………………………………………………17

16. 叶不分裂…………………………………………………………………………19

17. 一、二年生小枝绿色，叶卵形或卵状披针形，部分叶浅裂……………………棣棠

17. 一、二年生小枝不为绿色……………………………………………………18

18. 叶背面密被柔毛；托叶撕裂状……………………………………………榆叶梅

18. 叶背无毛或疏被毛；托叶狭卵形，边缘有不规则尖锐锯齿，不为撕裂状………
……………………………………………………………………………无毛风箱果

19. 叶柄顶端或叶片基部无腺体…………………………………………………20

19. 叶柄顶端或叶片基部有 2，有时 1 或 3，腺体 ………………………………27

20. 乔木，叶柄长 1 厘米以上……………………………………………………21

20. 小灌木，叶柄长 6 毫米以内，叶缘具尖锐复锯齿……………………………郁李

21. 叶二列状排列；叶椭圆状卵形或菱状卵形，无毛，长 4~8 厘米………小叶石楠

21. 叶螺旋状排列…………………………………………………………………22

22. 叶上面中脉隆起………………………………………………………………23

22. 叶上面中脉凹或平……………………………………………………………24

23. 叶缘锯齿刺芒状，新枝幼叶有时有黄褐色毛…………………………………沙梨

23. 叶缘锯齿尖锐不呈刺芒状，新枝幼叶密被白色绵毛……………………杜梨

24. 叶长椭圆形、矩圆状椭圆形或椭圆状卵形，树形峭立…………………………25

24. 叶卵形或椭圆状卵形，树形较开展……………………………………………26

25. 叶基宽楔形或近圆形，叶柄长 1.5~2 厘米 ……………………………………海棠花

25. 叶基渐狭，叶柄长 2~3.5 厘米………………………………………………西府海棠

26. 叶缘锯齿通常较尖，叶长 5~10 厘米，绿色……………………………湖北海棠

26. 叶缘锯齿通常较钝，叶长 3~8 厘米，微带紫红色 …………………………垂丝海棠

27. 叶紫红色…………………………………………………………………………28

27. 叶绿色……………………………………………………………………………29

28. 叶椭圆状卵形或倒卵状椭圆形，长 3~6 厘米 ……………………………紫叶李

28. 叶卵状披针形或椭圆状披针形，长 8~15 厘米…………………………紫叶桃

29. 叶缘锯齿钝………………………………………………………………………30

29. 叶缘锯齿尖……………………………………………………………………………33
30. 叶圆卵形、宽卵形或卵形…………………………………………………………31
30. 叶卵状披针形、椭圆状披针形或椭圆状倒卵形……………………………………32
31. 小枝绿色，叶通常长大于宽…………………………………………………………梅
31. 小紫红色或红褐色，叶长与宽近相等………………………………………………杏
32. 小枝褐绿色、灰褐色或红褐色，短枝发达；叶椭圆状倒卵形……………………李
32. 小枝阳面红色，阴面绿色，短枝不发达，叶卵状披针形或椭圆状披针形……桃
33. 叶缘锯齿刺芒状……………………………………………………………………34
33. 叶缘锯齿不成刺芒状，为粗重锯齿，叶片椭圆状卵形…………………………樱桃
34. 叶缘锯齿长刺芒状，芒长 2~4 毫米；叶柄带红色；花重瓣…………日本晚樱
34. 叶缘锯齿短刺芒状，芒长 1~2 毫米；叶柄绿色；花单瓣……………………35
35.叶缘具芒状单锯齿或不明显重锯齿；花白色，萼片全缘……………………山樱花
35. 叶缘具芒状重锯齿；花浅粉红色，萼片具腺齿……………………………东京樱花
36. 托叶大部分与叶柄合生，宿存………………………………………………………37
36. 托叶与叶柄分离，早落或宿存………………………………………………………39
37. 小叶上面皱，枝上密生刺状毛……………………………………………………玫瑰
37. 小叶上面平，枝上无刺状毛…………………………………………………………39
38. 小叶 3~7，通常常绿；各式花形……………………………………………现代月季
38. 小叶 5~9，倒卵形或椭圆形，落叶性…………………………………………野蔷薇
39. 小叶无毛或仅下面脉上被柔毛………………………………………………………40
39. 小叶两面有毛，下面被毛更密………………………………………………………42
40. 小叶 3，稀 5，常绿性；茎密生皮刺……………………………………………金樱子
40. 小叶 3~7，落叶性……………………………………………………………………41
41. 小叶 3~5，椭圆状卵形，下面中脉及叶柄有毛，茎几无皮刺………………木香花
41. 小叶 3~7，椭圆状披针形，无毛，茎生皮刺较多………………………小果蔷薇
42. 小叶 3，偶为 5，宽菱状卵形或宽倒卵形，不整齐粗锯齿，浅裂状，背面密被白色柔毛……………………………………………………………………………茅莓
42. 小叶 3~5，卵形或宽卵形，不整齐重锯齿，不裂，背面疏生毛……………蓬蘽

桃 **Amygdalus persica** Linn.

菊花桃

形态特征　落叶小乔木；树皮暗红褐色，横向皮孔明显。小枝向阳处红色，背阴处绿色；芽常 3 个并生。叶片椭圆状披针形，长 7~15 厘米，宽 2~3.5 厘米，叶缘具细或粗锯齿；叶柄长 1~2 厘米，常具腺体。花单生，先于叶开放，近无柄；雌蕊 1。核果密被毛，稀无毛，侧有一沟。花期 3~4 月，果期 6~9 月。

用途　果实可生食；树干上分泌的胶质，称桃胶，可食用，也供药用。花美，是著名观花树种。

生长习性　喜光；较耐寒；耐旱，不耐水湿，喜肥沃排水良好的土壤，碱性与黏重土则均不适宜。

种质资源　原产我国，各省区广泛栽培；世界各地均有栽培。桃树的栽培历史已有 3000 年以上，无论是食用桃还是观赏桃，都培育出了大量的品种。苏州各地栽培的观赏桃品种主要有菊花桃（*Amygdalus persica* 'Kikumomo'）、碧桃（*A. persica* 'Duplex'）、绛桃（*A. persica* 'Camelliaeflora'）、紫叶桃（*A. persica* 'Atropurpurea'）、寿星桃（*A. persica* 'Densa'）、洒金碧桃（*A. persica*

'Versicolor')、垂枝桃(*A. persica* 'Pendula')等。其中，菊花桃仅见于上方山国家森林公园栽培，其余则各处多见。食用桃品种主要有锦绣黄桃、锦香黄桃、蜜露黄桃、雨花露等，前3个品种昆山市淀山湖有栽培，而雨花露则吴中区有栽培。另外，吴中区东、西山还栽培有少量油桃。

梅 ***Armeniaca mume*** Siebold

又名梅花。

形态特征 落叶小乔木。小枝绿色，光滑无毛。叶片卵形或椭圆形，长4~10厘米，宽2.5~5厘米，顶端尾尖，基部宽楔形至圆形，锯齿细尖；叶柄长1~2厘米，有腺体。花单生或2朵簇生，先于叶开放，近无柄；萼片5；花瓣5至多数；雄蕊多数。核果近球形，被毛，有纵沟，果肉与核粘贴。花期2~3月，果期5~6月。

用途 鲜花可提取香精，花、叶、根和种仁均可入药。果实可食用，或熏制成乌梅入药。传统名花，露地栽培或制作盆景观赏。

生长习性 喜光；喜温暖湿润气候，较耐寒；对土壤要求不严，耐瘠薄，在山地、平地各种土壤上均能生长，土壤酸碱度可从微酸性至微碱性。

种质资源 原产中国南方，现全国各地栽培，以长江流域及以南各省区最多；日本和朝鲜也有。梅花已有3000多年的栽培历史，观赏和果树都有许多品种。苏州各处公园、园林有零星栽种。全市有古梅树2株，全部在太仓市城区。观梅佳处主要在吴中。吴中区光福邓尉山下种有成片梅花，花色为白，有清香，花开季节，登山观望，花海似雪，香气扑鼻，故有香雪海之名。吴中区林屋洞山上遍植梅花，有许多观赏品种，也是赏梅佳处。所拥有品种主要属下列几个品种群：江梅（萼绛紫色；花单瓣，呈红、粉、白等单色）、宫粉（萼绛紫色；花复瓣至重瓣，呈粉红色）、玉蝶（萼多绛紫；花复瓣至重瓣，白色）、朱砂（萼绛紫色；花单瓣至重瓣，紫红；枝内新生木质部淡暗紫色）、洒金（萼绛紫色，花单瓣或复瓣，在同一枝上开粉红与白色两种花以及白色花瓣上带有一些红色斑点、条纹的两色花）、绿萼（萼绿色；花单瓣至重瓣，绿白色）。姑苏区虎丘湿地公园有一株美人梅，为本市少见品种。美人梅是梅（宫粉）与紫叶李的杂交种，其叶紫色，花较大，重瓣，淡紫红色，有短柄，是优秀观赏品种。光福及太湖东、西山是果梅主要产地，品种也较多，如东山李梅、太湖大青梅、小青梅、红果梅、大嵌蒂梅、早花梅。

杏 **Armeniaca vulgaris** Lam.

又名杏树、杏花。

形态特征 乔木，树冠圆形；树皮纵裂，有横生皮孔。小枝紫红或红褐色。叶片宽卵形或圆卵形，长5~9厘米，宽4~8厘米，顶端急尖，基部圆形至近心形，锯齿细钝，仅背面脉腋具毛；叶柄长2~3厘米，常具腺体。花单生，先于叶开放；花梗短；花白色或带红色。核果球形，被少量柔毛；核平滑。花期3~4月，果期

6 月。

用途 果可食用；种仁(杏仁)入药，有止咳祛痰、定喘、润肠之效。花繁茂美观，成片种植尤佳。

生长习性 喜光；耐寒力强，也耐热；对土壤要求不严，但不耐涝。

种质资源 分布于东北、华北、西北、西南及长江中下游地区，多数为栽培。苏州有些公园、山地有栽培。上方山国家森林公园栽种有一片杏林，春季花时，十分美观。

郁李 **Cerasus japonica** (Thunb.) Loisel.

形态特征 落叶灌木。枝细密，冬芽 3 枚，并生。叶片卵形或卵状椭圆形，长 3~7 厘米，宽 1.5~2.5 厘米，顶端渐尖，基部圆形，边有缺刻状尖锐重锯齿，侧脉 5~8 对。花 1~3 朵，簇生，花叶同放或先于叶开放，近无柄；花瓣粉红或白色。核果近球形，深红色。花期 4 月，果期 6 月。

用途 果与种仁配剂有显著降压作用。多丛植于庭园观赏其花。

生长习性 喜光；耐严寒；抗旱抗湿力均强，对土壤要求不严。

种质资源 分布于华北、华中、华南。苏州有少数公园栽培，多为花半重瓣的品种：重瓣郁李(*Cerasus japonica* 'Kerii')。另外，麦李[*C. glandulosa* (Thunb.) Lois.]与本种相似，区别在于，叶卵状长椭圆形或椭圆披针形，长 2.5~6 厘米，宽 1~2 厘米，基部楔形，最宽处在中部，侧脉 4~5 对。

樱桃 **Cerasus pseudocerasus**（Lindl.）Loudon

形态特征 落叶乔木，树皮灰白色，有横生皮孔。叶片卵形或长圆状卵形，长5~12厘米，宽3~5厘米，顶端渐尖或尾尖，基部圆形，有重锯齿，齿端有腺体，背面有疏毛；叶柄顶端有腺体1~2。伞房或近伞形花序；花先叶开放；萼筒外面被毛；花瓣白色略带粉红，顶端凹。核果近球形，熟时红色。花期3月，果期5~6月。

用途 果实可食用；花、果俱美，可观赏。

生长习性 速生。喜光；喜温暖湿润气候，较耐寒；最宜生长在肥沃、排水良好的沙质壤土上，但也耐旱。

种质资源 分布于辽宁、河北、陕西、甘肃、山东、河南、江苏、浙江、江西、四川等地。苏州的一些公园中栽作观赏。相城区（社区）栽作果树，引进品种有红灯、明珠、美早、佳红、晚红珠、萨米特等。

山樱花 **Cerasus serrulata**（Lindl.）Loudon

又名樱花、山樱桃。

形态特征 落叶乔木，树皮灰褐色，有横生皮孔。叶片卵状或倒卵状椭圆形，长5~9厘米，宽2.5~5厘米，顶端渐尖，基部圆形，叶缘具尖锐重或单锯齿，齿尖有腺体；叶柄顶端有1~3腺体。花序伞房总状或近伞形；花先叶或同时开放；萼筒通常无毛；花

瓣 5，白色，顶端凹；花柱无毛。核果近球形，熟时紫黑色。花期 3 月，果期 5~6 月。

用途　核仁入药。栽作观赏。

生长习性　根系较浅，生长速度较快。喜光，较耐寒，喜肥沃、排水良好的土壤。

种质资源　分布于黑龙江、河北、河南、山东、江苏、浙江、安徽、江西、湖南、贵州，日本、朝鲜也有。苏州各处公园栽作观赏，也有住宅小区路边栽种观赏。姑苏区三元新村有一条路两侧种植的山樱花与东京樱花（Cerasus yedoensis）树龄约 20 年，春季开花时十分美丽，总会吸引附近居民前往观赏、拍照。

日本晚樱 **Cerasus serrulata** var. **lannesiana**（Carr.）Makino

形态特征 落叶乔木，树皮灰褐色，有横生皮孔。叶片卵状或倒卵状椭圆形，长 5~9 厘米，宽 2.5~5 厘米，顶端尾状，基部圆形，叶缘具重锯齿，齿端有长芒；叶柄顶端有 1~3 腺体。花序伞房总状或近伞形；花与叶同时开放，多为重瓣花，粉红或白色。花期 3 月下旬 ~4 月。

用途 花大而繁茂，秋叶红艳，是很好的庭园观赏植物。

生长习性 根系较浅，生长速度较快。喜光，喜肥沃、排水良好的土壤。

种质资源 原产日本，我国各地庭园栽培。苏州常见栽培的品种有关山（*Cerasus serrulata* 'Kanzan'）和普贤象（*C. serrulata* 'Albo Rosea'），少见品种有郁金（*C. serrulata* 'Grandiflora'）。前两个品种的花深粉红至粉红，后一个品种花黄绿色。

东京樱花 **Cerasus yedoensis**（Matsum.）A. N. Vassiljeva

又名日本樱花。

形态特征 落叶乔木，树皮灰色，有横生皮孔。叶片卵状椭圆形或倒卵形，长 5~12 厘米，宽 2.5~7 厘米，顶端渐尖或尾尖，基部圆形，重锯齿，齿端渐尖，有腺体，背面被疏毛；叶柄密被毛，顶端常有腺体 1~2 个。伞形总状花序；花先叶开放；萼筒管状，被毛；花瓣 5，浅粉红色，顶端下凹；花柱基部被毛。核果近球形。花期 3 月，果期 5 月。

用途　庭园观赏树种。

生长习性　喜光，较耐寒，喜肥沃、排水良好的土壤。

种质资源　原产日本，我国引种栽培。苏州各处公园、住宅区有栽培。

毛叶木瓜 Chaenomeles cathayensis（Hemsl.）C.K. Schneid.

又名木桃、木瓜海棠。

形态特征　落叶灌木或小乔木，具短枝刺。叶片长椭圆形至披针形，长 5~11 厘米，宽 2~4 厘米，背面幼时密被褐色绒毛，边缘常有芒状细尖锯齿；托叶肾形。花先叶开放，2~3 朵簇生于二年生枝上；花瓣 5，淡红色或白色。梨果长卵球形，种子多。花期 3~4 月，果期 9~10 月。

用途　果实入药，可作木瓜的代用品。花美观，果有香味，常栽作观赏。

生长习性　喜光，稍耐阴；喜湿暖，耐寒力不强；适宜于排水良好的土壤。

种质资源　分布于陕西、甘肃、江西、湖北、湖南、四川、云南、贵州、广西。苏州白塘生态植物园有栽种。

木瓜 Chaenomeles sinensis（Thouin）Koehne

又名木李。

形态特征　落叶灌木或小乔木，树皮呈片状脱落，干上有斑驳痕。小枝无刺，但短小枝常呈棘状。叶片卵状椭圆形，长 5~8 厘米，宽 3.5~5.5 厘米，顶端急尖，基部近圆形，边缘有芒状锯齿，幼时背面密被黄白色绒毛；托叶卵状披针形。花单生于叶腋；花

瓣 5，淡粉红色。梨果长椭圆形。花期 4 月，果期 9~10 月。

用途 果实可供药用。花美果香，常植于庭园观赏。

生长习性 喜光，稍耐阴；喜湿暖，较耐寒；要求土壤排水良好，不耐水淹，可耐轻度盐渍化土。

种质资源 产山东、陕西、湖北、江西、安徽、江苏、浙江、广东、广西。苏州城市绿地及园林中有栽种，姑苏区有本种古树 5 株，昆山市千灯镇有 1 株未列入古树名木，胸径 38 厘米。

皱皮木瓜 *Chaenomeles speciosa*（Sweet）Nakai

又名贴梗海棠。

形态特征 落叶灌木，有刺。叶片卵形至椭圆形，长 3~9 厘米，宽 1.5~5 厘米，顶端尖，基部楔形，边缘具有尖锐锯齿；托叶肾形或半圆形。花先叶开放，3~5 朵簇生于二年生老枝上；花瓣 5 或重瓣、半重瓣，朱红、粉红或白色。梨果卵形。花期 3~4 月，果期 9~10 月。

用途 果实入药。花果俱美，且为具刺灌林，可栽于庭园或盆栽观赏，也可栽作绿篱。

生长习性 喜光；较耐寒；对土壤要求不严，但宜于肥厚、排水良好的土壤，不宜在低洼积水处栽种。

种质资源 产陕西、甘肃、四川、贵州、云南、广东，缅甸亦有分布。苏州各处园林绿地有栽培。

野山楂 **Crataegus cuneata** Siebold et Zucc.

形态特征 落叶灌木，具细刺。叶片宽倒卵形至倒卵状长圆形，长 2~6 厘米，宽 1~4.5 厘米，顶端急尖，基部楔形，下延至叶柄呈翅状，边缘有不规则重锯齿，常 3、稀 5 或 7 浅裂。伞房花序；花瓣 5，白色，基部有短爪；花药红色。梨果近球形，小核 4~5。花期 5~6 月，果期 9~11 月。

用途 果实可供生食、酿酒或制果酱，入药有健胃、消积化滞之效；嫩叶可以代茶。

生长习性 根系发达，萌蘖强。喜光，稍耐阴；耐干燥瘠薄，多生于山谷、多石湿地或山地灌木丛中。

种质资源 分布于河南、长江流域及以南各省区，日本也有。苏州各处山地有零星分布，如穹窿山、上方山等地路边灌丛中偶尔可见。

枇杷 **Eriobotrya japonica** (Thunb.) Lindl.

白玉

冠玉

青种

形态特征 常绿小乔木。小枝、叶背和花序均密被锈色绒毛。叶片粗大革质，常为倒披针状椭圆形，长 12~30 厘米，宽 3~9 厘米，顶端尖，基部楔形，锯齿粗钝。圆锥花序顶生；花瓣 5，白色。果实长圆球形，黄色或橙黄色；种子 1~5。花期 10~12 月，果期 5 月中旬。

用途 果供食用；叶、花可供药用，有化痰止咳、和胃的功效。树形整齐美观，可栽作庭园观赏树。

生长习性 生长速度较慢。喜光，稍耐阴；喜温暖气候及肥沃、湿润而排水良好的土壤，不耐寒。

种质资源 原产中国，四川、湖北有野生，现南方各地普通栽培。苏州吴中区东山和西山是枇杷重要产地，主要有白沙（*Eriobotrya. japonica* 'Baisha'）、白玉（*E. japonica* 'Baiyu'）、青种（*E. japonica* 'Qingzhong'）、照种（*E. japonica* 'Zhaozhong'）、冠玉（*E. japonica* 'Guanyu'）等 5 个品种。

白鹃梅 **Exochorda racemosa**（Lindl.）Rehder

形态特征 落叶灌木。枝条细弱，无毛。叶椭圆形至长圆状倒卵形，长 3.5~6.5 厘米，宽 1.5~3.5 厘米，背面灰白色，全缘，稀中部以上有浅钝锯齿。总状花序；花白色，花瓣基部有短爪；心皮 5，花柱分离。蒴果宽倒圆锥形，有 5 脊。花期 3~5 月，果期 8 月。

用途 种子、根皮入药，治腰痛。可作庭园绿化、观赏植物。

生长习性 喜光，耐半阴；较耐寒；喜肥沃、深厚土壤。

种质资源 浙江、江苏、江西、湖北等省有分布。苏州一些山地，如天平山、花山、穹窿山等，有野生，生于山脊或山坡灌丛中。

本种在苏州未见栽培，其绿叶白花非常清新可爱，可引种于园林绿地，宜植于林缘、路边。

棣棠花 **Kerria japonica**（Linn.）DC.

形态特征 落叶拱形灌木，无刺。小枝绿色，嫩枝具棱。叶互生，三角状卵形或卵圆形，顶端长渐尖，基部圆形，边缘有尖锐重锯齿，两面绿色，疏被毛或无毛。花单生；花瓣 5，黄色，顶端凹。瘦果生于盘状花托上。花期 4~6 月，果期 6~8 月。

用途 花、叶、枝俱美，可丛植于篱边、墙际、水畔和林缘，还栽作地被，用于绿化美化环境。

生长习性 根蘖力强，能自然更新。喜半阴；喜温暖湿润气候，耐寒性不强；对土壤要求不严，但以湿润肥沃的沙质壤土最宜。

种质资源 分布于甘肃、陕西、山东、河南、华东、华中及西南地区，日本也有。苏州各处公园多有栽种，除了种植单瓣的原种外，还有重瓣的变型——重瓣棣棠花［*K. japonica* f. *pleniflora*（Witte）Rehder］。

垂丝海棠 **Malus halliana** Koehne

形态特征 落叶小乔木，树冠开展。小枝幼时紫色。叶片卵形至长卵形，长 3.5~8 厘米，宽 2.5~4.5 厘米，顶端长渐尖，基部楔形至近圆形，锯齿细钝或近全缘，叶柄和中脉常带紫红色。伞房花序；花梗下垂，紫红或一侧紫红；花萼紫红色；花瓣 5 或重瓣，深粉红色；花柱 4 或 5。梨果球形，直径 1 厘米以内，略带紫色，萼片脱落。花期 3~4 月，果期 9~10 月。

用途　花繁色艳，是著名庭园观赏植物。

生长习性　喜光，稍耐阴；喜温暖湿润气候，不耐寒。

种质资源　分布于江苏、浙江、安徽、陕西、四川、云南，各地栽培。苏州园林与城市绿地中常见栽培，拙政园海棠春坞中所栽海棠便是本种。重瓣垂丝海棠（*Malus. halliana*‘Parkmanii’）也有普遍栽培。

湖北海棠 **Malus hupehensis**（Pamp.）Rehder

形态特征　落叶小乔木，树冠开展。叶片卵形至卵状椭圆形，长 3~8 厘米，宽 2~4 厘米，顶端渐尖，基部宽楔形或近圆形，常有不规则细锐锯齿。伞房花序；花萼略带紫色；花瓣 5，白色或稍带粉红色；花柱 3，稀 4。果实近球形，直径约 1 厘米，黄绿色稍带红晕，萼片脱落。花期 4~5 月，果期 8~9 月。

用途　叶可代茶，俗名“花红茶”或“茶海棠”。春华秋实俱美，栽作观赏树。

生长习性　喜光，稍耐阴；喜温暖湿润气候，稍耐寒。

种质资源　分布于长江流域及以南地区和甘肃、陕西、河南、山西、山东等地。苏州一些公园中偶见，如姑苏区虎丘湿地公园、常熟虞山宝岩景区等地有栽种。

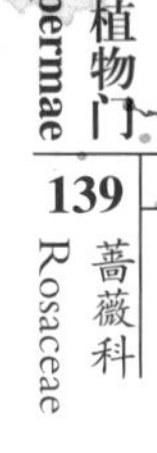

海棠花 Malus spectabilis（Aiton）Borkh.

形态特征 落叶小乔木。小枝粗壮，峭立。叶片椭圆形至长椭圆形，长 4~8 厘米，宽 2~3 厘米，顶端渐尖或钝，基部宽楔形至近圆形，边缘有细锯齿，幼嫩时上下两面具稀疏短柔毛，老叶无毛；叶柄长 1.5~2 厘米，具短柔毛。花序近伞形；花瓣 5，蕾时红色，开放后白色；花柱 5，稀 4。梨果近球形，直径 2 厘米，黄色，萼片宿存。花期 4~5 月，果期 8~9 月。

用途 庭园观赏树，也作苹果的砧木。

生长习性 喜光；耐寒；耐干旱，忌水湿。

种质资源 分布于河北、山东、陕西、江苏、浙江、云南等地。苏州偶见栽培。

西府海棠 Malus x micromalus Makino

形态特征 落叶乔木。小枝细弱，峭立。叶片长椭圆形或椭圆形，长 5~10 厘米，宽 2.5~5 厘米，顶端急尖或渐尖，基部楔形，边缘有尖锐锯齿，嫩叶两面被毛，背面尤

密；叶柄长 2~3.5 厘米。伞形总状花序；萼筒外面和萼片内外被白色绒毛；花瓣 5，粉红色；花柱 5。果实近球形，直径 1.5~2 厘米，红色。花期 4~5 月，果期 8~9 月。

用途 果实可食用。庭园观赏树，春天赏花，秋天赏果。

生长习性 喜光；耐寒；较耐干旱，忌水湿。

种质资源 分布于辽宁、河北、山西、山东、陕西、甘肃、云南。苏州各地公园绿地有栽培。

小叶石楠 **Photinia parvifolia**（E.Pritz.）Schneid.

形态特征 落叶灌木。小枝、叶片背面、叶柄、花梗和萼筒均无毛。叶片椭圆形至菱状卵形，长 4~8 厘米，宽 1~3.5 厘米，顶端渐尖或尾尖，基部宽楔形，边缘锯齿尖锐具腺。伞形花序；花瓣 5，白色。梨果椭圆形或卵形，熟时橘红色，有种子 2~3。花期 4~5 月，果期 7~8 月。

用途 根、枝、叶供药用，有活血止痛功效。

生长习性 生于山坡灌木丛中。

种质资源 产河南、江苏、安徽、浙江、江西、湖南、湖北、四川、贵州、台湾、广东、广西。苏州少见，仅见于大阳山，在文殊寺至浴月亭间的一个三岔路口，有 1 丛 4 个分枝，地径最大 3 厘米，最小 1 厘米，平均 2 厘米。

本种茂密的白花与红果，均有较高的观赏价值。但本种在苏州很稀少，所以应在就地保护的基础上，进行扩繁研究，然后在城乡绿化中加以推广。

石楠 **Photinia serratifolia** (Desf.) Kalkman

形态特征 常绿灌木或小乔木，树冠球形。叶片革质，长椭圆形或倒卵状椭圆形，长 8~20 厘米，宽 3~6.5 厘米，顶端尾尖，基部圆形或宽楔形，边缘有具腺细锯齿。复伞房花序顶生；花瓣 5，白色；花药带紫色。梨果球形，红色；种子 1。花期 4~5 月，果期 10 月。

用途 叶和根供药用。可作枇杷的砧木。常绿，树冠圆整，白花红果，是美丽的观赏树种。

生长习性 深根性，生长较慢。喜光，稍耐阴；喜温暖，稍耐寒；在肥沃、排水良好的土壤上生长良好，耐干旱瘠薄，不耐水湿。

种质资源 分布于中国中部及南部，日本、印度尼西亚也有。苏州各处山地有野生，各处绿地中有栽培，有本种古树 3 株，吴中区藏书镇和光福镇各有 1 株，昆山市千灯镇有 1 株。

红叶石楠 **Photinia × fraseri** Dress

形态特征 常绿灌木至小乔木。叶革质，长椭圆形至倒卵状披针形，顶端尾尖，基部楔形，春季新叶红艳，夏季转绿，秋、冬、春三季呈现红色，边缘有细小尖锐锯齿。复伞房花序顶生；花瓣 5，白色。梨果球形，红色。花期 5 月。

用途 园林绿化植物，栽作绿篱、地被等。

生长习性 速生。喜光，稍耐阴；喜温暖湿润气候，耐干旱瘠薄，稍耐盐碱，不耐水湿。

种质资源 苏州近年引种，栽于公园绿地、道路两旁。

无毛风箱果 **Physocarpus opulifolius**（Linn.）Maxim.

又名美国风箱果。

形态特征 落叶灌木，枝条开展。单叶，互生，卵形或倒卵形，长 6~8.5 厘米，宽

4~7 厘米，边缘有不整齐锯齿，通常基部3裂，叶脉三出；托叶狭卵形。花序顶生，伞形总状；萼片5；花瓣5，白色或浅粉红色；心皮3~5，基部合生。蓇葖果红色或棕红色，疏被星状毛或无毛。花期6月，果期7~8月。

用途　用于园林绿化，可作彩色绿篱或地被。

生长习性　耐寒，在原产地生长于山溪边、湖岸、湿润的森林以及低湿地。

种质资源　产北美。苏州白塘生态植物园引种了本种的一个品种，金叶风箱果（*Physocarpus opulifolius* 'Luteus'），其嫩叶金黄色，老叶转绿色。

紫叶李 **Prunus cerasifera** f. **atropurpurea** Rehd.

又名红叶李。

形态特征　落叶小乔木。叶片、花柄、花萼、雌蕊都呈紫红色。叶卵形至倒卵形，长3~6厘米，宽2~4厘米，基部圆形，边缘具重锯齿。花1~3，常1朵，花瓣粉红色，和叶同时开放。核果近球形，紫红色，具浅侧沟。花期3~4月，果期5~6月。

用途　极好的观赏植物。

生长习性　喜光，喜温暖湿润气候。

种质资源　原产亚洲西南部及我国新疆，现全国各地庭园、园林及街道多有栽培。苏州各处城市公园绿地栽培。

李 **Prunus salicina** Lindl.

形态特征　落叶乔木，树皮灰褐色。小枝褐绿色、灰褐色或红褐色，短枝发达。叶椭圆状倒卵形，长6~8厘米，宽3~5厘米，顶端渐尖至短尾尖，基部楔形，边缘有圆钝重锯齿；叶柄顶端常有2个腺体。花通常3朵并生；花柄长1~2厘米；花瓣5，白色。核果球形，有纵沟，外被蜡粉。花期4月，果期7~8月。

用途　果实食用，也作庭园观赏树。

生长习性　喜光，耐半阴；耐寒；喜肥沃湿润的土壤，可在酸性土、钙质土上生长，不耐干旱瘠薄，忌长期积水。

种质资源　分布东北、华北、华东、华中。苏州上方山森林公园有栽培。

火棘 **Pyracantha fortuneana**（Maxim.）H.L. Li

形态特征　常绿灌木。枝拱形下垂，嫩时有锈色短柔毛，短侧枝常成刺。叶片倒卵形或倒卵状长圆形，长1.5~6厘米，宽0.5~2厘米，顶端圆钝或微凹，基部楔形，边缘有钝锯齿；叶柄短。复伞房花序；花瓣5，白色；花药黄色。梨果近球形，红色。花期3~5月，果期8~11月。

用途　果可酿酒或直接食用。在庭园中栽作绿篱。

生长习性　喜光，不耐寒，要求排水良好的土壤。

种质资源　分布于陕西、河南、江苏、浙江、福建、湖北、湖南、广西、贵州、云南、四川、西藏。苏州各处公园绿地中常栽作绿篱。

杜梨 **Pyrus betulifolia** Bunge

又名棠梨。

形态特征　落叶乔木。小枝常棘刺状，幼时密被灰白色绒毛。叶菱状卵形至长卵形，长 4~8 厘米，宽 2.5~3.5 厘米，边缘具粗锐锯齿，幼叶两面均密被灰白色绒毛，老则仅背面被少量毛；叶柄被灰白色绒毛。伞形总状花序，被灰白色绒毛；花瓣 5，白色；花药紫红色。梨果近球形，直径约 1 厘米。花期 4 月，果期 8~9 月。

用途　可作为梨的砧木。花色美丽，常植于庭园观赏。

生长习性　喜光，稍耐阴；耐寒；极耐干旱瘠薄及盐碱土。

种质资源　分布于辽宁、河北、河南、山东、山西、陕西、甘肃、湖北、江苏、安徽、江西。苏州偶见栽培。昆山市千灯镇生态园名木文化苑有 1 株较大的杜梨个体，胸径 34 厘米，生长良好。

沙梨 **Pyrus pyrifolia**（Burm. f.）Nakai

形态特征　落叶乔木。小枝嫩时具黄褐色长柔毛或绒毛，后脱落。叶互生，卵状椭圆形或卵形，长 7~12 厘米，宽 4~6.5 厘米，顶端长尖，基部圆形或近心形，边缘有芒状

锯齿，两面无毛或嫩时有褐色绵毛；叶柄嫩时被绒毛，不久脱落。伞形总状花序；萼片三角卵形，边缘有腺齿；花瓣 5，顶端啮齿状，白色；花药紫红色；花柱 5，稀 4。果实近球形，浅褐色，有斑点。花期 3~4 月，果期 7~8 月。

用途 长江及珠江流域栽培的梨品种多数属于本种，果实可食用。花色美，也可作为观赏植物种植。

生长习性 喜光；喜温暖湿润气候，耐寒力较差；宜于土层深厚、排水良好的中性土壤上生长。

种质资源 分布于安徽、江苏、浙江、江西、湖北、湖南、贵州、四川、云南、广东、广西、福建等地。苏州高新区树山等地栽培有本种的优良品种翠冠梨（*Pyrus pyrifolia* 'Cuiguan'），其果实近圆形，外皮黄绿色，果肉雪白色，肉质细嫩，柔软多汁，石细胞极少，味浓甜，3 月下旬开花，7 月下旬果实成熟。

木香花 **Rosa banksiae** Aiton

形态特征 常绿蔓生灌木。枝上有皮刺或无。羽状复叶，小叶 3~5，稀 7；小叶片椭圆状卵形或长圆披针形，长 2~5 厘米，宽 1~2 厘米，边缘有紧贴细锯齿，背面沿脉有

柔毛；小叶柄和叶轴有稀疏柔毛；托叶线状披针形，离生，早落。伞形花序；花瓣重瓣至半重瓣，白色；心皮多数，离生。花期 4~5 月。

用途 花含芳香油，可供提取香精。作为观赏植物，常于庭园中栽培，攀缘于棚架或墙篱。

生长习性 速生。喜光，不耐寒。

种质资源 分布于四川、云南，全国各地均有栽培。苏州有栽培，已记载有 2 株属古树，全部在姑苏区园林中，1 株为开重瓣白花，1 株开重瓣黄花。重瓣白花者称为木香花，而重瓣黄花者，则称为重瓣黄木香（*Rosa banksiae* 'Lutea'），后者较为少见。

小果蔷薇 **Rosa cymosa** Tratt.

形态特征 落叶蔓生灌木，有钩状皮刺。羽状复叶，小叶 3~5；小叶片长 2.5~6 厘米，宽 1~2.5 厘米，边缘锐锯齿内弯；托叶和叶柄分离，早落。花序伞状，再排列成伞房状。花柄有柔毛，萼片边缘羽状分裂或背面有细刺。蔷薇果小，近球形，红色。花期

5~6 月，果期 7~11 月。

用途 根、叶药用。

生长习性 生长于向阳山坡、路旁。

种质资源 分布于华东、中南及西南。苏州各处山地有野生，资源较丰富。

金樱子 **Rosa laevigata** Michx.

又名野石榴、刺梨子。

形态特征 常绿蔓生灌木；枝上有钩状皮刺，小枝密生有细刺。羽状复叶；小叶3，少数5，椭圆状卵形或披针状卵形，边缘有细锯齿，叶背沿中脉有细刺；叶柄、叶轴有小刺或细刺；托叶线形，早落。花单生，白色；花柄和萼筒外面密生细刺。蔷薇果近球形或倒卵形，表面有直细刺，顶端具长而扩展或外弯的宿存萼裂片。花期5月，果期

9~10 月。

用途 果实富含维生素 C；根及果药用，有活血散瘀、收敛利尿、补肾、止咳等功效。民间用果实泡酒饮用。

生长习性 喜光，喜温暖湿润环境，对土壤要求不严。

种质资源 分布华中、华东、华南。苏州各处丘陵山地有野生。

本种常绿，白花黄蕊，较为醒目，且有清香味，而果实成熟时橙红色，也很美观，所以可开发用作护坡、攀缘篱垣的垂直绿化材料。

野蔷薇 Rosa multiflora Thunb.

又名多花蔷薇、蔷薇。

形态特征 落叶灌木。枝有皮刺。羽状复叶；小叶通常 5~9，边缘有锐锯齿；托叶大部和叶柄合生，边缘篦齿状分裂，宿存。圆锥状伞房花序；花白色，芳香；花柱伸出花托口外，结合成柱伏，无毛。蔷薇果球形至卵形，成熟时褐红色。花期 5 月，果期 10 月。

用途 根、叶、花和果实均能入药。

生长习性 喜光，耐半阴；性强健；在土层疏松、肥沃处生长最好。

种质资源 分布华北、华东、华中、华南及西南，朝鲜、日本也有。苏州各处山地、河岸多有野生，资源较丰富。常见栽培者为其变型七姊妹［*Rosa multiflora* f. *platyphylla*（Thory）Rehder et E. H. Wilson］。

野生原种也可用于城乡绿化中，可种植于林缘、河岸，也可攀缘于垣篱。

玫瑰 **Rosa rugosa** Thunb.

形态特征 落叶直立灌木。茎枝密被刚毛与倒钩皮刺。羽状复叶，小叶 5~9；小叶片边缘有尖锐锯齿，上面褶皱，背面被绒毛和腺毛；叶柄和叶轴密被绒毛和腺毛；托叶大部贴生于叶柄。花单生于叶腋，或数朵簇生；花重瓣至半重瓣，紫红色，芳香。蔷薇果扁球形，橙红色，萼片宿存。花期 5~6 月，果期 8~9 月。

用途 花可以蒸制芳香油，用作食品与化妆品；花瓣可用于糕点、糖果，也可熏制茶叶或直接用作茶饮。也作为观赏植物种植于庭园。

生长习性 萌蘖力强，速生。喜光；耐寒性强；在肥沃、排水良好的中性至微酸性土壤上生长良好，在微碱性土壤上也可生长，耐旱，不耐水涝。

种质资源 原产中国华北以及日本和朝鲜，现各地均有栽培。苏州白塘生态植物园、上方山森林公园等地有栽培。

附：现代月季（*Rosa* cvs）俗称“玫瑰”，实际为包括玫瑰（*R. rugosa*）、野蔷薇（*R. multiflora* Thunb.）、月月红（*R. chinensis* Jacq.）、香水月季[*R. odorata*（Andr.）Sweet]、法国蔷薇（*R. gallica* Linn.）、大马士革蔷薇（*R.* × *damascena* Mill.）等杂交而成的大量品种的总称，在苏州城乡绿地以及鲜花店所售的“玫瑰”多属于此类。形态特征：直立或蔓生、攀缘状灌木，有刺。奇数羽状复叶。花单生、伞房花序或圆锥花序；花萼片 5；花通常重瓣，色彩多样；花托壶状，雌蕊多数。蔷薇果（由壶状花托一起形成）长圆球形。苏州虹越园艺公司共收集有现代月季品种 113 个。

寒莓 **Rubus buergeri** Miq.

形态特征 常绿灌木，直立或匍匐，无刺或疏生皮刺。单叶，卵形至近圆形，直径5~11厘米，基部心形，幼时背面密被毛，边缘5~7浅裂，5出脉。短总状花序；花瓣白色。聚合果近球形，肉质，熟时紫黑色。花期7~8月，果期9~10月。

用途 果可食用或酿酒；根及全草入药，有活血、清热解毒之效。

生长习性 耐阴性较强，生于阔叶林下或山地疏密杂木林内。

种质资源 分布于长江流域及以南各省区。苏州有野生，但少见，在吴中区穹窿山茅蓬坞栎类林下有少量植株。

常绿野生灌木，花、果具一定观赏性，可作为城市绿地中的林下地被种植。

掌叶复盆子 **Rubus chingii** H. H. Hu

形态特征 落叶藤状灌木。枝细，具皮刺，无毛。单叶，近圆形，直径5~9厘米，掌状5深裂，稀3或7裂，具重锯齿，5出脉。花单生，白色。聚合果近球形，肉质，红色，下垂。花期3~4月，果期5~6月。

用途 果实味甜，可食用、制糖及酿酒，也可入药，有滋补功效。

生长习性 根蘖性强，生长旺盛。喜光，稍耐阴；喜肥沃、湿润的土壤。

种质资源 分布于江苏、安徽、浙江、江西、福建、广西，日本也有。苏州较少

见，吴中区穹窿山与常熟市虞山有少量野生。

掌叶复盆子在苏州未见栽培，其垂挂于绿叶间的白花及累累红果极富观赏性，在城乡绿化中，可植于林缘和草坪边缘。

山莓 **Rubus corchorifolius** Linn. f.

形态特征 落叶小灌木，有皮刺。幼枝带绿色，有柔毛及皮刺。单叶，不裂或3裂，叶背面脉上有细钩刺；托叶线形，基部贴生在叶柄上。花白色，直径约2厘米，单生。聚合果球形，肉质，红色。花期2~3月，果期4~6月。

用途 果熟后可食及酿酒，根入药。

生长习性 喜光，生于溪边、路旁、山坡灌丛中。

种质资源 分布北自河北、陕西，南至广东、云南等省；朝鲜、日本、缅甸、越南也有。苏州各处山地均有野生，资源量较丰富。

野生有刺灌木，可作刺篱种植。

蓬蘽 **Rubus hirsutus** Thunb.

形态特征 小灌木。茎有柔毛及褐色腺毛。羽状复叶，小叶3~5，卵形，边缘有不整齐重锯齿，两面密生白色柔毛。花单生，白色，直径3~4厘米。聚合果近球形，肉质，红色。花期4月，果期5~6月。

用途 果实酸甜可食，全株入药。

生长习性 耐阴，生于山坡路旁阴湿处或灌丛中。

种质资源 分布江苏南部、浙江、江西、福建、台湾、广东等省区。苏州各处山地野生，资源量较丰富。

蓬蘽绿叶、白花、红果，颇具观赏性，又耐阴，可开发用作城市绿地中的林下地被。

茅莓 **Rubus parvifolius** Linn.

形态特征 落叶灌木，疏生钩状皮刺。羽状复叶，小叶3，在新枝上偶有5；小叶

片菱状宽卵形，背面密生白色绒毛，边缘有不整齐粗锯齿或缺刻状粗重锯齿，常具浅裂片。伞房花序，花红色或紫红色。聚合果球形，红色。花期5~6 月，果期7~8 月。

用途　果酸甜可食。全株可入药。

生长习性　喜光，常生于山坡杂木林中、路旁等

种质资源　我国各地都有分布，越南、朝鲜和日本也有。苏州各地均有野生，生长于山坡、村头与河岸荒地上。

中华绣线菊 **Spiraea chinensis** Maxim.

形态特征　落叶灌木。小枝拱形，红褐色，幼时常被黄色绒毛。叶片菱状卵形至倒卵形，长 2.5~6 厘米，宽 1.5~3 厘米，顶端急尖或钝，基部宽楔形，边缘有缺刻状粗锯齿，上面被短柔毛，脉纹明显凹陷，背面密被黄色绒毛。伞形花序，被毛；花瓣 5，白色。聚合蓇葖果，被短柔毛。花期 4~5 月，果期 6~9 月。

用途　花洁白、繁密，可种植于庭园之路旁、池畔、山石旁观赏。

生长习性　喜光，稍耐阴；耐寒；野生者生山坡灌木丛中、沟边、路旁。

种质资源 分布于内蒙古、河北、河南、陕西、湖北、湖南、安徽、江西、江苏、浙江、贵州、四川、云南、福建、广东、广西。苏州仅见于大阳山，生长在文殊殿踞雄石碑旁。

粉花绣线菊 **Spiraea japonica** Linn. f.

又名日本绣线菊。

形态特征 直立灌木。枝条细长，开展。叶片长椭圆形至宽披，长2~8厘米，宽1~3厘米，背面灰蓝色，脉上常有柔毛，顶端尖，基部楔形，边缘有缺刻状重锯齿。复伞房花序生于当年生的枝顶，花瓣粉红色。聚合蓇葖果，无毛或被疏柔毛。花期5~6月（第二次开花于8~9月），果期8~9月。

用途 供观赏。

生长习性 喜光，稍耐阴；耐寒；耐旱。

种质资源 原产日本、朝鲜，我国各地栽培。苏州各处公园有栽培，有2个品种：金山绣线菊（*Spiraea japonica* 'Gold Mount'，新叶黄色）和金焰绣线菊（*S. japonica* 'Goldflame'，秋叶橙黄色）。

28. 豆科 Fabaceae（Leguminosae）

豆科分种检索表

1. 单叶……紫荆
1. 羽状复叶或三出复叶……2
2. 二回羽状复叶……3
2. 一回羽状复叶或三出复叶……5
3. 乔木，无刺……4
3. 攀缘灌木，茎上密生倒钩皮刺……云实
4. 小叶中脉位于上侧边缘……合欢
4. 小叶中脉位于距上侧边缘为叶宽的 1/3 处……山槐
5. 偶数羽状复叶……6
5. 奇数羽状复叶或三出复叶……7
6. 乔木，具分枝的刺；羽状复叶有小叶 2~9 对……皂荚
6. 灌木，具针状不分枝的刺；羽状复叶有小叶 2 对……锦鸟儿
7. 藤本或攀缘灌木……8
7. 直立乔灌木……10
8. 小叶 3~9，常绿性……9
8. 小叶 9~19，落叶性……紫藤
9. 小叶 3，侧生小叶极偏斜……常春油麻藤
9. 小叶 7 或 9，小叶卵状椭圆形……网络崖豆藤
10. 三出复叶……11
10. 羽复叶，小叶多于 3……16
11. 顶生小叶长 3 厘米以上……12
11. 顶生小叶长不及 3 厘米……14
12. 小叶椭圆形或矩圆形，顶端尖；花冠黄白色，基部带紫色……绿叶胡枝子
12. 小叶椭圆状卵形，顶端钝圆或微凹……13
13. 小叶背面被淡黄色柔毛……杭子梢
13. 小叶背面被白色短柔毛……美丽胡枝子

14. 小叶矩圆状倒披针形，宽 2~5 毫米，顶端平截……………………………截叶铁扫帚

14. 小叶长圆形或倒卵状长圆形，宽 5~20（30）毫米，顶端钝圆或微凹……………15

15. 小叶基部宽楔形或近圆形，总花梗较粗短，花近于簇生叶腋………阴山胡枝子

15. 小叶基部圆形；总花梗纤细，长超过叶很多……………………………细梗胡枝子

16. 小叶两面被丁字毛；荚果圆柱形……………………………………………………马棘

16. 小叶无毛或有毛但不为丁字毛……………………………………………………17

17.1~2 年生枝绿色 ……………………………………………………………………18

17.1~2 年生枝不为绿色 ………………………………………………………………19

18. 裸芽，常绿性；荚果扁平………………………………………………………红豆树

18. 半柄下芽，落叶性；荚果念珠状…………………………………………………槐

19. 小叶互生…………………………………………………………………………黄檀

19. 小叶对生…………………………………………………………………………20

20. 具托叶刺，乔木，荚果扁平……………………………………………………刺槐

20. 无托叶刺，小灌木，荚果圆柱形……………………………………………华东木蓝

合欢 **Albizia julibrissin** Durazz.

形态特征 落叶乔木，树冠伞形。二回羽状复叶；羽片 4~12（20）对；小叶镰刀状，长 6~12 毫米，中脉位于上侧边缘。头状花序具长柄，再排成伞房状；花粉红色；雄蕊多数，花丝长 2.5 厘米，如绒缨。荚果带状。花期 6~7 月，果期 8~10 月。

用途 木材可用于制作家具；树皮供药用，有驱虫之效。常作为城市行道树、观赏树种植。

生长习性 速生。喜光，耐干燥气候与沙质土。

种质资源 分布于我国东北至华南及西南部各省区，北美、非洲、中亚至东亚也有栽培。苏州各地均有栽培。

山槐 **Albizia kalkora**（Roxb.）Prain

又名山合欢。

形态特征 落叶乔木。二回羽状复叶；羽片 2~3 对，长 1.5~4.5 厘米，宽 1~1.8 厘米，基部偏斜，中脉显著偏向叶片的上侧，在叶宽的 1/3 处。头状花序 2~3 个生于上部叶腋或多个排成顶生的伞房状；花白色；雄蕊多数，花丝显著突出于花冠之外。荚果。花期 5~6 月，果期 8~10 月。

用途 木材耐水湿，可制作家具；纤维可制人造棉和造纸；花、根及茎皮药用。

生长习性 喜光；喜温暖气候及肥沃湿润土壤，耐干旱瘠薄。

种质资源 分布于华北、华东、华南、西南及陕西、甘肃等省，越南、印度、缅甸也有。苏州各处山地有野生，其中，吴中区藏书镇天池村寄鉴寺有 1 株山槐胸径为 33 厘米。

本种在苏州尚未见栽培，但可开发为行道树与山地风景林用树。

云实 **Caesalpinia decapetala**（Roth）Alston

形态特征 落叶攀缘灌木，密生倒钩状刺。二回羽状复叶；羽片 3~10 对，表面绿色，背面具白粉，疏生短柔毛。总状花序顶生；花冠黄色，有光泽；雄蕊 10 枚，离生，2 轮。荚果木质，沿腹缝线有宽 3~4 毫米的狭翅。花期 5 月，果期 8~10 月。

用途 种子可榨油，根、茎、果实供药用。可栽作绿篱。

生长习性 性强健，萌生力强。喜光及温暖气候，不耐寒。

种质资源 分布于长江流域以南各省区，亚洲热带其他地区也有。苏州吴中区三山岛、高新区花山和张家港香山等地有野生，生于林缘、山顶灌丛。

本种为带刺蔓生灌木，花量多而艳，有一定的观赏性，可栽作绿篱。

网络崖豆藤 **Callerya reticulata**（Benth.）Schot

形态特征 常绿木质藤本。羽状复叶；托叶锥刺形；小叶 3~4 对，卵状长椭圆形或

长圆形，长 5~6 厘米，宽 1.5~4 厘米，顶端钝，渐尖，或微凹，基部圆形，两面均无毛，或被稀疏柔毛。圆锥花序，长 10~20 厘米，下垂；蝶形花冠紫红色；雄蕊 9 和 1 两体。荚果线形，扁平。花期 5~8 月，果期 10~11 月。

用途　在园林绿地中用于花架、花廊、假山、墙垣绿化与美化。

生长习性　喜光，稍耐阴；喜深厚肥沃的土壤，但也能在干旱瘠薄处生长。

种质资源　分布于长江流域以南各地，越南北部也有。苏州在天平山、大阳山和天池山等地有分布，生长于山腰路旁。

本种为常绿藤本，花多而色艳，且花期较长，实为园林绿地中花廊、山石、墙垣绿化与美化的优秀材料，但在苏州仅见于野生，今后可推广应用。

杭子梢 **Campylotropis macrocarpa**（Bunge）Rehder

形态特征　落叶小灌木。幼枝密生白色短毛。复叶具 3 小叶；小叶椭圆形或宽椭圆形，长 3~7 厘米，宽 1.5~3.5 厘米，顶端圆钝或微凹，有短尖，背面有淡黄色柔毛。总状花序腋生；花梗有关节和绢毛；萼齿4，中间2萼齿三角形，有柔毛；花冠蝶形，紫色。荚果斜椭圆形，具种子1。花果期6~9月。

用途 茎皮纤维可作绳索，枝条可编制筐篓。

生长习性 较耐阴，生于山坡、山沟、林缘或疏林下。

种质资源 全国除西北外，大部分地区有分布，朝鲜也有。苏州各处山地有野生。

本种尚为野生，其花美观而花期长，可作为绿化观赏植物栽培，也是一种蜜源植物。

锦鸡儿 **Caragana sinica**（Buc'hoz）Rehder

形态特征 落叶灌木。小枝有棱，无毛。托叶三角形，硬化成针刺；叶轴脱落或硬化成针刺。羽状复叶，有时假掌状，小叶2对；小叶倒卵形或长圆状倒卵形，长1~3.5厘米，宽0.5~1.5厘米，顶端圆或微凹，有针尖。花单生；花梗中部有关节；花冠蝶形，黄色，常带红色。荚果圆柱形。花期4~5月，果期7月。

用途 根皮供药用。在园林中可种植于岩石边、小路边，也可栽作绿篱，还可作盆景材料。

生长习性 喜光；耐寒；耐干旱瘠薄，能生于石缝中。

种质资源 产河北、陕西、江苏、江西、浙江、福建、河南、湖北、湖南、广西北部、四川、贵州、云南。苏州仅穹窿山、天平山等少数地方有分布。

紫荆 **Cercis chinensis** Bunge

又名满条红。

形态特征 落叶灌木。叶互生，近圆形，顶端急尖，基部心形。花先于叶开放，4~10 朵簇生于老枝上；花瓣 5，玫瑰红色，不等大，近轴花瓣最小，位于最里面；雄蕊 10，分离。荚果狭披针形，扁平，沿腹缝线有狭翅，不开裂。花期 3~4 月，果期 8~10 月。

用途 树皮、花梗用作外科疮疡之药。早春老茎生花，艳丽可爱，常栽培于庭园观赏。

生长习性 萌蘖性强，耐修剪。喜光，稍耐寒，喜肥沃、排水良好的土壤。

种质资源 分布于华北、华东、西南、中南、甘肃、陕西、辽宁；生于山坡、溪旁、灌丛中。苏州园林绿地中常见的栽培树种。白花紫荆（*Cercis chinensis* ‘Alba’）开白色花，仅在拙政园等少数地方有栽培。

黄檀 **Dalbergia hupeana** Hance

形态特征 落叶乔木。羽状复叶，小叶 9~11；小叶互生，椭圆形至长圆状椭圆形，长 3.5~6 厘米，宽 2.5~4 厘米，顶端钝，微凹；托叶早落。圆锥花序顶生；花梗有锈色疏毛；花冠蝶形，淡紫色或白色；雄蕊 10，5 枚联合成 1 组，共 2 组。荚果长圆形，扁平。花果期 7~11 月。

用途 木材坚韧、致密，可作各种负重力及拉力强的用具及器材；果实可以榨油。可用于荒山绿化，也可栽作庭荫树、行道树等。

生长习性 深根性，生长较慢。喜光；对土壤要求不严，酸性、中性或石灰质土壤上都能生长。

种质资源 分布于江苏、安徽、浙江、江西、福建、湖北、湖南、广东、广西、贵州。苏州各地，无论丘陵山地，还是平原地带，均有生长。属古树名木者共4株，吴中区3株，姑苏区1株。最粗者在吴中区东山镇东山村雨花台，其胸径38厘米，树高28米，树龄130年，生长状况一般。

皂荚 **Gleditsia sinensis** Lam.

形态特征 落叶乔木，树冠扁球形。枝刺圆，常分枝。一回偶数羽状复叶；小叶2~9对，卵状披针形至长圆形，长3~8厘米，宽1~4厘米，顶端圆而具小尖头，边缘具细锯齿，两面稍被毛。总状花序，花杂性，黄白色；萼片4。荚果带状，劲直。花期4~5月，果期10月。

用途 木材坚硬，可供家具等用；荚果煎汁可代肥皂；豆荚、种子和刺均可入药。也作庭园绿化树栽种。

生长习性 深根性，生长速度慢。喜光，稍耐阴；喜温暖湿润的气候，在深厚、肥沃土壤上生长良好，在石灰质及盐碱地，甚至黏土或沙土均能正常生长。

种质资源 分布于华北、华东、华中、

华南及西南各省区。苏州在一些山地、村庄周围有零星分布，也有少数公园栽培。在穹窿山宁邦寺和乾隆御道中段各有 1 株皂荚大树，前者胸径 33 厘米，后者胸径 27 厘米。全市本种古树共 4 株，昆山市 2 株，吴中区 2 株。最粗者在昆山市亭林公园遂园，胸径 55 厘米，树高 12 米，树龄 110 年，生长状况良好。

华东木蓝 **Indigofera fortunei** Craib

又名华槐蓝。

形态特征 落叶灌木，无毛。奇数羽状复叶；小叶 3~7 对，卵形、卵状椭圆形或披针形，长 1.5~4.5 厘米，宽 0.8~2.8 厘米，顶端钝圆或急尖，微凹，有小尖头，基部圆形或阔楔形。总状花序；花冠蝶形，紫红色或粉红色；雄蕊 9 和 1 两体。荚果线状圆柱形。花期 4~5 月，果期 5~9 月。

用途 根可药用，有清热解毒功效。

生长习性 耐阴，喜温暖湿润气候，生于山坡疏林或灌丛中。

种质资源 分布于安徽、江苏、浙江和湖北。苏州各处山地有野生，数量较少。本种花叶颇美观，且为较耐阴的小灌木，可作林下地被种植。

马棘 **Indigofera pseudotinctoria** Matsum.

形态特征 落叶灌木，被丁字毛。奇数羽状复叶；小叶 7~11，对生，椭圆形、倒卵形或倒卵状椭圆形，长 1~2.5 厘米，宽 0.5~1.5 厘米，顶端圆或微凹，有小尖头，基部近圆形。总状花序；花冠蝶形，淡红色或紫红色；雄蕊 9 和 1 两体。荚果线状圆柱形。花期 5~8 月，果期 9~10 月。

用途 根供药用，能清凉解毒；可作蓝色染料。可用于园林绿化，种植于林缘、路旁。

生长习性 小灌木。喜光，生于山坡林缘及灌木丛中。

种质资源 分布于华东、华中至西南，日本也有。苏州姑苏区虎丘湿地公园和张家港市香山有种植。

绿叶胡枝子 **Lespedeza buergeri** Miq.

形态特征 落叶灌木。羽状复叶具 3 小叶；小叶卵状椭圆形，长 3~7 厘米，宽 1.5~2.5 厘米，顶端急尖，基部圆钝，背面灰绿色，密被贴生的毛。总状花序或圆锥花序；蝶形花冠淡黄绿色，两侧花瓣有时带紫色；雄蕊 9 和 1 两体。荚果有种子 1 枚。花期 6~7 月，果期 8~9 月。

用途 种子含油，根与叶可药用。

生长习性　喜光，也耐阴，生长于山坡丛林下或路旁旷野。

种质资源　分布于山西、陕西、甘肃、江苏、安徽、浙江、江西、台湾、河南、湖北、四川等省，朝鲜、日本也有。苏州吴中区穹窿山、高新区大阳山和常熟市虞山等山地有野生，在穹窿山望湖园至茅蓬坞一带 100 平方米内有 2 株，地径约 1 厘米。

本种在城市绿地中可作为地被、水土保持植物种植。

截叶铁扫帚 **Lespedeza cuneata** (Dum. Cours.) G. Don

形态特征　落叶小灌木。3 小叶复叶，叶密集，柄短；小叶楔形或线状楔形，长 1~3 厘米，宽 2~5 毫米，顶端截形或微凹，具短尖，基部楔形，上面有少量短毛，背面密被白色伏毛。总状花序，花冠淡白色或带紫色，雄蕊 9 和 1 两体。荚果有种子 1 枚。花期 7~8 月，果期 9~10 月。

用途 根及全株药用。可栽作水土保持植物。

生长习性 喜光；可生长在钙质土壤上，生于山坡或路旁空旷杂草中。

种质资源 分布于陕西、甘肃、山东、河南及以南到广东云南各地，朝鲜、日本、印度、巴基斯坦、阿富汗及澳大利亚也有。苏州各地均有野生。

美丽胡枝子 **Lespedeza formosa**（Vogel）Koehne

形态特征 落叶灌木。羽状复叶有3小叶；小叶顶端急尖、圆钝或微凹，有短尖头，基部楔形，背面密生短柔毛。总状花序单生或数个排成圆锥状；蝶形花冠紫红色，翼瓣和旗瓣通常比龙骨瓣短；雄蕊9和1两体。荚果有锈色短柔毛，种子1。花期7~9月，果期9~10月。

用途 根入药，可作饲料。为水土保持植物。

生长习性 喜光，稍耐阴；耐干旱瘠薄，生长在山坡、路旁及林缘灌丛中。

种质资源 分布于华北、华东、西南至广东等地，朝鲜、日本、印度也有。苏州各处山地均有野生，高新区大阳山半山亭附近记录到100平方米内有8株，地径1厘米。

本种花较美观，在城市绿地中可作为地被、水土保持植物种植。

阴山胡枝子 **Lespedeza inschanica**（Maxim.）Schindl.

又名白指甲花。

形态特征 落叶小灌木。复叶具3小叶；小叶长圆形，顶端圆或微缺，基部阔楔

形。蝶形花冠白色，最上面的花瓣（旗瓣）基部带紫色，翼瓣较旗瓣短，翼瓣较龙骨瓣长或相等；雄蕊 9 和 1 两体。荚果卵形，包于萼内，有白色柔毛；种子 1。花期 8~9 月，果期 10 月。

用途 全株可药用，可作牧草。

生长习性 喜光；耐干旱瘠薄，对土壤条件要求不严，在平地、丘陵、山地及新开垦地区均可生长，在肥沃土壤上生长更好。

种质资源 分布于东北、华东及黄河流域，朝鲜、日本也有。苏州在天平山、花山及天池山等有野生。

本种在苏州未见栽培，其花颇美观，性强健，可栽作城市绿地中的观赏灌木，也可作为水土保持植物种植。

细梗胡枝子 **Lespedeza virgata**（Thunb.）DC.

形态特征 落叶小灌木。复叶具 3 小叶；小叶椭圆形至卵状长圆形，长 0.6~2（~3）厘米，宽 4~10（~15）毫米，先端钝圆，有时微凹，有小刺尖，基部圆形，上面无毛，下面密被伏毛，侧生小叶较小。总状花序腋生，总花梗纤细，毛发状，被白色伏柔毛，显著超出叶；蝶形花冠黄白色，旗瓣基部有紫斑。荚果近圆形。花期 7~9 月，果期 9~10 月。

用途 有一定的观赏价值，并可作为

水土保持植物。

生长习性　稍耐阴；耐干旱瘠薄，生于路旁或山坡丛林中。

种质资源　分布于辽宁南部、河北、陕西、山西、山东、江苏、湖南、湖北、江西、福建、安徽、河南、四川各省，朝鲜、日本也有。苏州吴中区穹窿山等地有野生。

常春油麻藤 **Mucuna sempervirens** Hemsl.

形态特征　常绿木质藤本。羽状复叶具3小叶，顶生小叶卵状椭圆形或卵状长圆形，长7~12厘米，两面无毛，侧生小叶极偏斜。总状花序生于老茎上；萼被锈色硬毛，内面密被绢毛；花冠蝶形，深紫色；雄蕊9和1两体。果木质，带形，种子间缢缩。花期 4~5 月，果期 8~10 月。

用途 茎药用，有活血去瘀、舒筋活络之效；块根可提取淀粉；种子可榨油。

生长习性 较耐阴；喜温暖湿润气候；适应性强，对土壤要求不严，耐干旱瘠薄，喜深厚、肥沃、排水良好的土壤。

种质资源 分布于四川、贵州、云南、陕西、湖北、浙江、江西、湖南、福建、广东、广西，日本也有。苏州相城区中国花卉植物园有 1 株茎粗 24 厘米，上方山森林公园也有 1 株。

红豆树 **Ormosia hosiei** Hemsl. et E. H. Wilson

形态特征 常绿或落叶乔木；树皮灰绿色，平滑。小枝绿色，幼时有黄褐色细毛，后脱尽。奇数羽状复叶；小叶 5~9，薄革质，长卵形或长卵状椭圆形，长 3~10.5 厘米，宽 1.5~5 厘米。圆锥花序下垂，被褐色短柔毛；蝶形花冠白色或淡紫色；雄蕊 10。荚果近圆形，扁平，种子 1~2；种皮红色。花期 4~5 月，果期 10~11 月。

用途 木材坚硬细致，纹理优美，有光泽，为高档用材；根与种子入药。优美的庭园植物，其树冠伞状开展，种子红色美观。唐朝诗人王维有诗赞之："红豆生南国，春来发几枝。愿君多采撷，此物最相思。”更增其美感。

生长习性 根系发达，生长慢。幼树耐阴，大树喜光；喜肥沃湿润土壤，不耐干旱。

种质资源 分布于陕西南部、甘肃东南部、江苏、安徽、浙江、江西、福建、湖北、四川、贵州。本种在苏州有少量种植，其中属古树名木者共 8 株，常熟市 6 株，张家港市 1 株，姑苏区 1 株。最粗者在常熟市古里镇白茆红豆山庄，胸径 70 厘米，树高 17 米，生长良好；第二名在常熟市美术馆，胸径 68 厘米，生长尚好，但已 11 年没有开花。

刺槐 *Robinia pseudoacacia* Linn.

又名洋槐。

形态特征 落叶乔木；树皮灰褐色，纵裂。具托叶刺。单数羽状复叶；小叶 7~19，卵形或长圆形，长 2~5 厘米，宽 1.5~2 厘米，顶端圆，微凹，有短尖头，基部圆，全缘。总状花序，蝶形花冠白色，雄蕊 9 和 1 两体。荚果扁平。花期 4~5 月，果期 8~9 月。

用途 材质硬重，抗腐耐磨，抗冲击力强，适用于桥梁、车辆、工具柄等。既是荒山绿化的先锋树种，又是良好的蜜源树种。

生长习性 根系浅而发达，易风倒；速生。强喜光，不耐阴；喜较干燥与凉爽的气候；在中性土、酸性土以及轻度盐碱土上能正常生长，但不耐水湿。

种质资源 原产美国东部，我国于 19 世纪末首先从欧洲引入青岛，后扩大栽培至遍布全国。苏州各地有栽培，常熟市虞山公园有 2 株本种大树，胸径分别为 50 厘米和 61 厘米。

槐 Sophora japonica Linn.

又名国槐。

盘槐

形态特征 落叶乔木，树皮灰褐色，纵裂。当年生枝绿色。羽状复叶；叶轴有毛，基部膨大；小叶 9~15，卵状矩圆形，顶端渐尖而具细突尖，基部阔楔形，下面灰白色，疏生短柔毛。圆锥花序顶生；蝶形花冠乳白色；雄蕊 10，近分离，不等长。荚果肉质，串珠状。花期 7~8 月，果期 8~10 月。

用途 叶、根皮、花和荚果入药，蜜源植物。栽作行道树。

生长习性 深根性，生长速度中等。喜光，稍耐阴；喜干冷气候，但高温多湿处也能生长；喜深厚、排水良好的沙质土，在酸性、石灰性及轻度盐碱土能正常生长，在干旱、瘠薄山地和低洼积水处生长不良。

种质资源 分布于全国各地，华北和黄土高原地区最为多见；日本、越南、朝鲜也有，欧洲、美洲各国均有引种。苏州各地栽种，除本种外，还有其变型龙爪槐（又名盘槐，*Sophora japonica* f. *pendula* Loudon）：枝和小枝均下垂。属古树名木者，国槐 2 株，吴江区 1 株，昆山市 1 株；龙爪槐 6 株，常熟市 3 株，姑苏区 2 株，太仓市 1 株。

紫藤 **Wisteria sinensis** (Sims) DC.

白花紫藤

形态特征 落叶藤本。茎左旋。羽状复叶有小叶 7~13，通常为 11；小叶卵状长圆形至卵状披针形，顶端渐尖，基部宽楔形，幼时两面密生贴伏白色细毛，成熟时无毛，全缘。总状花序下垂，蝶形花冠蓝紫色，雄蕊 9 和 1 两体。荚果倒披针形，表面密生黄色绒毛，有种子 1~3 粒。花期 4 月，果期 9~10 月。

用途 种植于庭园中，多营造紫藤花廊。

生长习性 喜光，略耐阴；较耐寒；喜深厚肥沃、排水良好的土壤，有一定的耐干旱瘠薄与水湿的能力。

种质资源 分布于河北以南黄河、长江流域及陕西、河南、广西、贵州、云南。现世界各地均有引种栽培。苏州各地有栽培，天平山、穹窿山、花山、常熟虞山等山地有野生。属古树名木者，全市共 28 株，姑苏区 19 株，常熟市 4 株，昆山市 1 株，吴江区 2 株，吴中区 2 株。苏州市第一中学校园内有 1 株紫藤，为北宋古木，树龄 800 余年。忠王府内的 1 株紫藤，为明代文徵明所植，距今已有 440 多年历史。吴中区金庭镇丙常村罗汉组罗汉坞有 1 株紫藤，3 个分枝胸径分别为 40 厘米、35 厘米、34 厘米，树龄 300 年。另外，苏州种植有少量白花紫藤［又名银藤，*Wisteria sinensis* f. *alba* (Lindl.) Rehder et E. H. Wilson ］。

29. 芸香科 Rutaceae

芸香科分种检索表

1. 单叶 , 叶背面及叶缘有毛……………………………………………………………臭常山

1. 奇数羽状复叶，三出复叶或单身复叶（即叶柄上有翅）……………………………2

2. 奇数羽状复叶，小叶 5 枚以上……………………………………………………………3

2. 三出复叶或单身复叶………………………………………………………………………4

3. 小叶 5~11，小叶两面及中脉有皮刺………………………………………………竹叶花椒

3. 小叶 13~21，小叶两面均无刺………………………………………………………青花椒

4. 3 小叶复叶，枝刺发达；半常绿……………………………………………………………枳

4.单身复叶，常绿……………………………………………………………………………5

5. 嫩枝上部、叶片背面至少中脉下半部、花梗、花萼、子房均有柔毛……………柚

5. 各部无毛，稀叶柄基部、总花梗、萼片外面微有毛………………………………6

6. 叶柄上的翅明显、宽阔；总状花序或 2 至数朵簇生，稀兼有单生叶腋…………7

6. 叶柄上的翅甚窄或仅具痕迹，但夏梢或徒长枝上的则较明显；花单生或 2~3 朵簇生叶腋…………………………………………………………………………………柑橘

7. 叶柄上的翅倒三角形，较宽阔，宽 1~3 厘米，叶缘具细钝锯齿……………香圆

7. 叶柄上的翅倒披针形或窄倒心形，较窄，宽 0.6~1.8 厘米，叶全缘或具微波状锯齿……………………………………………………………………………………酸橙

香圆 **Citrus grandis**（L.）Osbeck × **junos** Siebold ex Tanaka

形态特征　常绿乔木。小枝绿色，无毛，有刺。单身复叶；叶片阔卵形或椭圆形，叶长约 8 厘米，宽 5.5 厘米，有透明油点，两面无毛，顶端急尖，微凹，基部近圆，叶柄上的翅倒三角形，较宽阔，宽 1~3 厘米，叶缘具细钝锯齿。总状花序，有时兼有腋生单花；花白色。柑果圆球形，果皮甚厚，粗糙，味酸。花期 4~5 月，果期 9~12 月。

用途　果实药用。可作庭园绿化观赏树。

生长习性　喜光；喜温暖湿润气候，不耐寒；在深厚、肥沃而良好的中性或微酸性土壤上生长良好。

种质资源　我国中下游流域有栽培。苏州各地公园中栽培，属古树名木者 2 株，1 株在常熟市，另 1 株在张家港市。

柚 **Citrus maxima**（Burm.）Merr.

形态特征　常绿乔木，有刺。嫩枝、叶背、花梗、花萼及子房均被柔毛，嫩枝扁且有棱。单身复叶；叶片阔卵形或椭圆形，连翼叶长 6~16 厘米，宽 4~8 厘米，顶端钝或有短尖，基部圆，有透明油点；叶柄上的翅宽大倒心形。总状花序，有时兼有腋生单花；花蕾淡紫红色；花瓣白色。柑果圆球形或梨形，果皮厚，海绵质。花期 4~5 月，果期 9~12 月。

用途　果实食用。

生长习性　喜温暖湿润气候，不耐寒；在深厚、肥沃而良好的中性或微酸性土壤上生长良好，忌积水。

种质资源　长江以南地区栽培，东南亚各国也有栽种。苏州白塘生态植物园有栽培；沧浪亭内有 2 株较大的柚树，能很好地结果。

柑橘 *Citrus reticulata* Blanco

形态特征　常绿小乔木或灌木，有少数刺。单身复叶；叶柄上的翅狭窄，或仅有痕迹；叶片披针形至阔卵形，有透明油点，叶缘有钝锯齿或全缘。花单生或 2~3 朵簇生。柑果通常扁圆球形，果皮易剥离，内有数个囊瓣。花期 4~5 月，果期 10~11 月。

用途　果实食用。

生长习性　喜温暖湿润气候，比柚稍耐寒；在酸性至微碱性土壤上均能生长，但更适于微酸性土，忌积水。

种质资源 分布于长江以南地区，多为栽培。苏州吴中区洞庭东、西山栽培较多，主要有温州蜜柑、椪柑、早红、天草、青红橘和黄皮。

酸橙 **Citrus × aurantium** Linn.

形态特征 常绿小乔木，有刺。单身复叶；叶卵状椭圆形，长 5~10 厘米，宽 2.5~5 厘米，有透明油点，全缘或具微波状锯齿；叶柄上的翅倒披针形或窄的倒心形。总状花序有花少数，有时兼有腋生单花；花白色，芳香。柑果近圆球形，果皮粗糙，果肉味酸。花期 4~5 月，果期 9~12 月。

代代　代代

用途　果实可药用；其品种代代（*Citrus aurantium* 'Daidai'）的花可用以熏茶叶，制作代代花茶。

生长习性　喜光；喜温暖湿润气候；对土壤要求不严，在排水良好、肥沃疏松、富含有机质的微酸性沙质壤土上生长最好。

种质资源　分布秦岭南坡以南各地，多为栽培。苏州栽培的是其中一个品种，代代（又名代代酸橙、回青橙），产于吴中区东山、姑苏区西园街道。代代花极香。其果冬天不落，同一株树上可以有不同年份结出的果，所以称为代代果。而冬季已为橙黄色的果到第二年夏秋季节又转为青绿色，所以又称回青橙。

臭常山 **Orixa japonica** Thunb.

形态特征　落叶灌木。嫩枝被毛，后脱尽。叶卵形至倒卵状椭圆形，散生透明细油点，有臭味，叶背被毛，全缘或上半部有细钝锯齿。雌雄异株；黄绿色，萼片与花瓣各为 4。蒴果瓣裂。花期 4~5 月，果期 9~11 月。

用途　根、茎和果均作药用。

生长习性 喜温暖气候；较耐阴，生长于山地阳坡的密林或疏林中。

种质资源 分布于河南、华东、华中至西南地区，日本和朝鲜也有。本种在苏州少见，已知吴中区穹窿山有野生，还有两株较大的个体，分别在姑苏区怡园和太仓市南园。

枳 **Poncirus trifoliata** (Linn.) Raf.

又名枸橘。

形态特征 半常绿小乔木。小枝绿色，稍扁，有棱，枝刺粗长而基部扁平。总叶柄有狭翅，上有 3 小叶，近革质，有透明油点，叶缘有浅齿。花单朵或成对腋生，先叶开放，白色。柑果近圆球形或梨形，被毛。花期 5~6 月，果期 10~11 月。

用途 果可入药。常作柑橘类耐寒砧木用。在园林中栽作绿篱与屏障树。

生长习性 生长速度中等，耐修剪。喜光，稍耐阴；喜温暖湿润气候，较耐寒；宜生长在微酸性土壤上，不耐碱。

种质资源 分布河南、山西、山东、陕西、甘肃、安徽、江苏、浙江、湖北、湖南、江西、广东、广西、贵州、云南等省区。在苏州市吴中区东山的一些乡村、吴江区同里国家湿地公园等有分布。

竹叶花椒 **Zanthoxylum armatum** DC.

又名竹叶椒。

形态特征 落叶灌木或小乔木。茎枝多锐刺，刺基部宽而扁，小叶背面中脉、叶轴及总柄常有小刺，仅叶背基部中脉两侧有丛状柔毛，或嫩枝梢及花序轴均被褐锈色短柔毛。羽状复叶；小叶 3~9，对生，披针形，有透明油点。花序近腋生或同时生侧枝之顶；花单性，黄绿色。蓇果红色，表面有粗大凸起的油点。花期 5~6 月，果期 8~9 月。

用途 果皮可作调味品，果、根及叶入药，种子含油。

生长习性 较耐阴；喜温暖湿润气候；对土壤要求不严格，在石灰质土壤上也能生长。

种质资源 分布于我国中部、南部和西南部各省，朝鲜、日本也有。苏州各处山地有野生，如常熟虞山观光园附近在 100 平方米内记录到 3 株。

在苏州未见栽培，可作城市绿地中疏林下小乔木或灌木栽培。

青花椒 **Zanthoxylum schinifolium** Siebold et Zucc.

又名崖椒。

形态特征 落叶灌木；茎枝有短刺，刺基部两侧压扁状，嫩枝暗紫红色。羽状复叶，小叶 7~19 片；小叶对生或互生，卵形至披针形，长 0.5~1 厘米，宽约 0.5 厘米，有

透明油点。圆锥花序顶生；花单性；萼片 5；花瓣 5，黄白色。蓇果红褐色。花期 7~9 月，果期 9~12 月。

用途 果可作花椒代品，根、叶及果均入药。

生长习性 萌蘖性强，耐修剪。喜光，稍耐阴；喜温暖湿润气候，耐寒力强；在土层深厚肥沃壤土、沙壤土上生长良好，耐旱，不耐涝。

种质资源 分布于五岭以北、辽宁以南大多数省区，但云南无；朝鲜、日本也有。苏州各处山地均有野生，可作为优势种组成灌丛，如在大阳山浴日亭附近，100 平方米中有 30 株，平均地径 2 厘米。

本种在苏州未见栽培，其枝带刺，耐强修剪，所以可作为绿篱种植。

30. 苦木科 Simaroubaceae

臭椿 **Ailanthus altissima**（Mill.）Swingle

形态特征　落叶乔木，树皮较光滑。奇数羽状复叶互生；小叶对生或近对生，卵状披针形，长 7~13 厘米，宽 2.5~4 厘米，揉碎后有臭味，顶端渐尖，基部偏斜，叶缘基部有 1~2 对具腺体的齿。圆锥花序长；萼片 5；花瓣 5，淡绿色。翅果长椭圆形。花期 4~5 月，果期 8~10 月。

用途　叶可养椿蚕，树皮、根皮、果实均可入药。既是山地造林的先锋树种，也是盐碱地的水土保持与土壤改良树种。

生长习性　喜光；较耐寒；耐干旱瘠薄，不耐涝，对微酸性、中性和石灰质土壤及中度盐碱土都能适应。

种质资源　我国除黑龙江、吉林、新疆、青海、宁夏、甘肃和海南外，各地均有分布，世界各地广为栽培。苏州天平山、吴中区三山岛、高新区何山和大阳山等处有野生，一些公园、乡村有栽种，高新区横塘有 1 株属于古树。

31. 楝科 Meliaceae

楝科分种检索表

1. 二至三回羽状复叶，小叶有锯齿……………………………………………………楝

1. 一回羽状复叶，小叶全缘…………………………………………………………香椿

楝 **Melia azedarach** Linn.

又名楝树、苦楝。

形态特征 落叶乔木，树皮灰褐色，纵裂，树冠伞形。二至三回奇数羽状复叶；小叶对生，卵形至披针形，长3~7厘米，宽2~3厘米，幼时被星状毛，后两面均无毛，边缘有钝锯齿。圆锥花序；花芳香；花萼5深裂；花瓣淡紫色；雄蕊10，联合成管状；花盘圆形。核果椭圆形。花期4~5月，果期10~12月。

用途 木材纹理颇美，可作家具、建筑、乐器等用；鲜叶可作土农药；树皮、叶和果实均可入药。树形广展，花淡紫色，果于冬季挂于枝头不落，黄色，均颇美，是优良的绿化树种。

生长习性 深根性，生长快。喜光，不耐阴；喜温暖、湿润气候，不耐寒；在酸性、中性和碱性土壤中均能生长，耐干旱、瘠薄，也耐湿。

种质资源 分布于黄河以南各省区，亚洲热带和亚热带地区均有。苏州多数山地有野生，在乡村有栽种或野生，城市公园中也有栽种。在吴中区三山岛，本种野生者胸径多在6~10厘米之间的小群体，其中最粗1株胸径35厘米。另外，记录到本市较大的本种个体5株，常熟市3株，昆山市1株，姑苏区1株。最粗者在姑苏区怡园，胸径72厘米，生长良好。

香椿 **Toona sinensis**（A. Juss.）M. Roem.

形态特征 乔木，树皮暗褐色，片状剥落。偶数兼有奇数羽状复叶；小叶卵状披针形或卵状长椭圆形，长 9~15 厘米，宽 2.5~4 厘米，揉碎有香气，两面均无毛，顶端尾尖，基部不对称，全缘或有不明显钝锯齿。圆锥花序，被少量锈色毛；花萼 5 齿裂；花瓣 5，白色；雄蕊 10，仅 5 枚发育，分离；花盘念珠状。蒴果长椭圆形，5 瓣裂。花期 6~8 月，果期 10~12 月。

用途 幼芽嫩叶可作蔬菜食用；木材红褐色，纹理美丽，质坚，易加工，耐腐力强，可作家具、建筑等用。可栽作庭荫树、行道树等。

生长习性 深根性，生长快。喜光，不耐阴；较耐寒；在中性、酸性和钙质土上均生长良好，耐湿，能耐轻度盐土。

种质资源 分布华北、华东、中部、南部和西南部各省区，朝鲜也有。苏州吴中区香山街道作为生产性栽培，一些居住小区也有栽培，高新区大阳山林场有 1 株较粗，胸径 51 厘米。

32. 大戟科 Euphorbiaceae

大戟科分种检索表

1. 3 小叶复叶，小叶卵圆形，有细锯齿……………………………………………重阳木
1. 单 叶 …………………………………………………………………………………2
2. 3~5 出掌状脉，叶柄顶有腺体或丝状软刺……………………………………………3
2. 羽状脉，叶柄顶端无或有腺体……………………………………………………………6
3. 枝、叶有乳汁；叶卵圆形，有时有 2~3 浅裂……………………………………………油桐
3. 枝、叶无乳汁………………………………………………………………………………4
4. 叶有锯齿，两面无腺体，叶柄顶端有 2 个丝状软刺…………………………………山麻杆
4. 叶全缘或疏生锯齿，两面有细小腺体，叶顶端有腺体…………………………………5
5. 叶背面灰白色，密被星状毛，具棕色细小腺点；直立灌木……………………白背叶
5. 叶背面黄绿色，疏被星状毛，具黄色细小腺点；常为蔓性灌木……………石岩枫
6. 枝、叶有乳汁；叶菱形，叶柄顶端有 2 腺体……………………………………………乌桕
6. 枝、叶无乳汁 ……………………………………………………………………………7
7. 枝叶密被短柔毛，叶椭圆形或倒卵状椭圆形，全缘……………………………算盘子
7. 枝叶无毛，叶全缘或有细钝齿…………………………………………………………一叶萩

山麻杆 **Alchornea davidii** Franch.

形态特征　落叶灌木。茎常紫红色，有绒毛。叶圆形或广卵形，长 8~15 厘米，宽 7~14 厘米，顶端渐尖，基部心形，边缘具腺齿，上面疏被短柔毛，背面密被短柔毛；叶柄顶端有 2 个丝状软刺。雌雄异株，雄花序柔荑花序状；雌花序总状；雄花萼片通常 3；雌花萼片 5。蒴果扁球形，具 3 棱，密生短柔毛。花期 3~5 月，果期 6~7 月。

用途　茎皮纤维为造纸、纺织原料。嫩叶红色，可种植于庭园观赏。

生长习性　喜光，稍耐阴；喜温暖湿润气候，不耐寒；在中性和酸性土壤上均能生长。

种质资源　分布于陕西南部、四川东部和中部、云南东北部、贵州、广西北部、河南、湖北、湖南、江西、江苏、福建西部。苏州一些公园中有栽培，在张家港香山石库门，有 2 株，地径约 2 厘米，似野生。

重阳木 **Bischofia polycarpa**（H. Lév.）Airy Shaw

形态特征　落叶乔木，树皮褐色，纵裂。当年生枝绿色，无毛。3 小叶复叶；小叶卵形或椭圆状卵形，长 5~11 厘米，宽 3~6 厘米，顶端突尖或短渐尖，基部圆或近心形，边缘具细钝齿。花雌雄异株，总状花序；花小，绿色。浆果球形，熟时红褐色。花期 4~5 月，果期 9~10 月。

用途　木材可供建筑、桥梁、家具等用。果肉可酿酒。种子可榨油，供工业用。可供城乡绿化用。

生长习性 根系发达，生长较快。喜光，稍耐阴；喜温暖湿润气候，不耐寒；对土壤要求不严，耐水湿。

种质资源 分布于秦岭、淮河流域以南至两广北部。苏州各地有栽培，姑苏区养育巷及司前街两旁绿化树种便为本种。姑苏区有本种古树 1 株；太仓市人民公园有 3 株较大个体，胸径分别为 41 厘米、43 厘米和 50 厘米。

一叶萩 **Flueggea suffruticosa**（Pall.）Baill.

形态特征 落叶灌木。小枝浅绿色，有棱。全株无毛。单叶互生；叶片椭圆形或长椭圆形，长 1.5~8 厘米，宽 1~3 厘米，全缘或有波状齿、细锯齿，下面浅绿色；托叶宿存。花小，雌雄异株，簇生于叶腋；萼片通常 5；雌花有花盘。蒴果三棱状扁球形，3 爿裂。花期 3~8 月，果期 6~11 月。

用途 茎皮纤维坚韧，可作纺织原料。枝条可编制用具；花和叶供药用，对中枢神经系统有兴奋作用。

生长习性 喜光，生于山坡灌丛中和路边。

种质资源 分布于除西北外的全国各省区；蒙古、俄罗斯、日本、朝鲜等也有。张家港香山西面棋盘石附近有 2 株，丛生，有 3~4 个分枝，每个分枝地径 1~2 厘米。

算盘子 Glochidion puberum（Linn.）Hutch.

又名算盘珠、馒头果。

形态特征 落叶灌木，小枝密生短柔毛。叶互生，叶片椭圆形或椭圆状披针形，表面疏生柔毛或近于无毛，背面密生短柔毛。花小，雌雄同株或异株，2~5 朵簇生于叶腋内；萼片 6。蒴果扁球形，有纵沟，熟时红色，外面有绒毛。花期 4~8 月，果期 7~11 月。

用途 根、茎、叶、果入药。

生长习性 喜光，喜温暖湿润气候，耐干旱瘠薄。

种质资源 我国中部，南至广东、云南等省区都有分布。苏州各处山地多有野生，其中三山岛有些植株较粗，胸径可达 6 厘米。

本种仅见野生，其果形似算盘或馒头，红色，种子红色，叶也会变红，所以可作观赏植物栽培。

白背叶 Mallotus apelta（Lour.）Müll. Arg.

又名白叶野桐。

形态特征 落叶灌木或小乔木。小枝密生星状毛。叶互生，不分裂或三浅裂，两面有星状毛与棕色腺体，背面灰白色，毛更密；叶柄密生柔毛。花单性，雌雄异株；柔荑花序，雄的顶生，雌的顶生或侧生；花萼裂片雄为 4，雌 3~5，无花瓣。蒴果近球形，

密生软刺与星状毛。花期 6~9 月，果期 8~11 月。

用途 种子可榨油，供制肥皂、润滑油、油墨与鞣革等工业用；茎皮为纤维性原料，织麻袋或供作混纺；根与叶供药用。

生长习性 喜光；喜温暖气候，对土壤条件要求不严，耐瘠薄干旱。

种质资源 分布于河南、安徽、江苏、浙江、江西、湖南、广东、广西等省区，越南也有。苏州各处山地有野生，多生于林缘、路旁；穹窿山的植株地径通常在 2~5 厘米。

石岩枫 Mallotus repandus（Rottler）Müll. Arg.

又名杠香藤。

形态特征 落叶灌木或乔木，有时呈藤本状。嫩枝有锈黄色星状毛或绒毛。叶互生，长圆形或菱状卵形，长 3.5~8 厘米，宽 2.5~5 厘米，两面都有小腺点，上面无毛或有星状毛，背面有星状毛。花单性，雌雄异株；总状花序顶生，雄的有时腋生；花萼 3 裂，密被黄色茸毛。蒴果球形，被锈色茸毛，种子黑色，球形。花期

3~5 月，果期 8~9 月。

用途 种子油是制油漆、油墨和肥皂的原料；茎皮含纤维，可搓绳索与制人造棉。

生长习性 喜光；喜温暖气候，对土壤条件要求不严，耐瘠薄干旱。

种质资源 陕西、安徽及长江以南至广东、台湾都有分布，越南、印度、印度尼西亚、菲律宾、澳大利亚也有。苏州各处山地多数有野生，如吴中区穹窿山和三山岛，张家港香山，高新区大阳山、花山，常熟虞山等均有。

油桐 **Vernicia fordii**（Hemsl.）Airy Shaw

形态特征 落叶乔木，树皮灰褐色，近光滑。小枝粗壮，无毛。叶互生，卵圆形，长 8~18 厘米，宽 6~15 厘米，全缘，有时 3 浅裂，掌状脉；叶柄顶端有 2 枚扁平、无柄腺体。圆锥花序；花雌雄同株；花瓣白色，有淡红褐色条纹。核果近球状。花期 3~4 月，果期 8~9 月。

用途 种子榨油，即桐油，用以涂刷器具、布等，有耐水、防腐等性能；果皮可制活性炭或提取碳酸钾。树冠圆整，叶大荫浓，花大而美丽，可作庭荫树、行道树。

生长习性 喜光；喜温暖气候，不耐寒；在微酸性至微碱性土壤上均能生长，不耐涝，喜土层深厚、肥沃、排水良好的土壤。

种质资源 分布于陕西、河南、长江流域及以南各省区，越南也有。苏州一些山地，如吴中区穹窿山、天池山，常熟市虞山等有分布。在虞山佛寺路旁林地中，100 平方米内记录到 14 株，胸径最大 6 厘米、最小 3 厘米、平均 4 厘米。

乌桕 **Triadica sebifera**（Linn.）Small

形态特征 落叶乔木。叶互生，有白色乳汁，菱形，长 3~8 厘米，宽 3~9 厘米，顶端尾尖，基部有一对黄色腺体。雌雄同株，柔荑花序顶生，花小，黄绿色，最初全为雄花，随后 1~4 朵雌花生于花序基部。蒴果球形，黑色；种子球形，外包被白色蜡层。花期 5~7 月，果期 10~11 月。

用途 重要的工业用油树种，柏脂和清油广泛用于制皂、油漆、油墨和提取硬脂酸等；根皮和乳汁可入药。乌桕秋叶鲜红，陆游有"乌桕赤于枫"的诗句，冬日其种子挂满枝头，经久不凋，远观似梅花初绽，故是很好的园林绿化树种。

生长习性 根系发达，生长速度中等偏快。喜光；喜温暖环境；适生于深厚肥

沃、含水丰富的土壤，耐水湿，较耐旱，对酸性、钙质土、轻度盐碱土均能适应。

种质资源 分布很广，西起云南、四川，北经陕西至河南、山东，南达广东均产。苏州各处山地有野生，公园绿地有栽种。属古树者 2 株，常熟市虞山公园与相城区金龙村各 1 株。还有 2 株为较大个体，吴中区胥口有 1 株分 2 枝，胸径 30 厘米与 29 厘米；常熟市虞山公园有 1 株，胸径 49 厘米，均生长良好。

苏州市林木种质资源树种图谱

（下）

苏州市农业委员会　编

文匯出版社

编委会

目录

附录

33. 黄杨科 Buxaceae

黄杨科分种检索表

1. 小枝有毛；叶倒卵形或宽椭圆形，基部楔形……………………………………………黄杨
1. 小枝无毛；叶倒披针形或匙形，基部窄楔形…………………………………………雀舌黄杨

黄杨

Buxus microphylla subsp. **sinica**（Rehder & E. H. Wilson）Hatus.

又名小叶黄杨、瓜子黄杨。

形态特征 常绿灌木或小乔木。茎枝有四棱，小枝和冬芽的外鳞有短毛。叶对生，阔卵形至长圆形，长 1.5~3.5 厘米，宽 0.7~1.5 厘米，顶端钝，常有小凹缺，侧脉不显。花聚生叶腋，单性，雌雄同序。蒴果近球形，具宿存花柱。花期 4 月，果期 7 月。

用途 木材坚实致密，黄色，供雕刻等用。树姿优美，为优良庭园树，也栽作绿篱或用于制作盆景。

生长习性 生长缓慢。喜半阴；喜温暖湿润气候及肥沃的中性和微酸性土，不耐寒。

种质资源 分布于江苏、江西、福建、广东、广西、云南、贵州、湖南、湖北、陕西等省区。本种在苏州栽培历史悠久，共有古树 88 株，常熟市 40 株，姑苏区 22 株，吴中区 10 株，吴江区 8 株，太仓市 7 株，张家港市 1 株。最粗者在太仓市璜泾镇新风街 36 号荒废院落中，胸径 30 厘米，生长状况一般，枯枝较多。

雀舌黄杨 **Buxus bodinieri** H. Lév.

形态特征 常绿灌木。小枝四棱形，被短柔毛，后变无毛。叶对生，薄革质，倒披针形或匙形，长 2~4 厘米，宽 0.5~1 厘米，顶端钝，常有浅凹缺或小尖凸头，基部狭楔形，侧脉背面明显。花密集叶腋，顶部一朵雌花，其余为雄花，黄绿色。蒴果卵形，花柱宿存。花期 2 月，果期 5~8 月。

用途　栽作绿篱，用于庭园绿化。

生长习性　生长极慢。喜光，亦耐阴；喜温暖湿润气候及肥沃土壤，不耐寒。

种质资源　分布于云南、四川、贵州、广西、广东、江西、浙江、湖北、河南、甘肃、陕西南部。苏州各处公园绿地中有栽培。

34. 漆树科 Anacardiaceae

漆树科分种检索表

1. 植物体内无乳汁……………………………………………………………………………2
1. 植物体内有乳汁……………………………………………………………………………3
2. 小枝顶芽发达；偶数羽状复叶，揉碎有香气………………………………………黄连木
2. 小枝无顶芽；奇数羽状复叶，揉碎无香气…………………………………………南酸枣
3. 小叶有锯齿，叶轴具翅………………………………………………………………盐肤木
3. 小叶全缘，叶轴无翅…………………………………………………………………木蜡树

南酸枣 **Choerospondias axillaris** (Roxb.) B. L. Burtt et A.W. Hill

形态特征 落叶乔木，树皮灰褐色，片状剥落。奇数羽状复叶，互生；小叶7~15，卵状披针形，长 4~12 厘米，宽 2~4.5 厘米，顶端长渐尖，基部偏斜，全缘或幼株叶边缘具粗锯齿，两面无毛或稀叶背脉腋被毛。花单性或杂性异株，圆锥花序、总状花序或单生，花小，有花盘。核果长球形，熟时黄色，核顶具 5 个小孔。花期 4 月，果期 8~10 月。

用途 果可生食或酿酒；树皮和果入药，有消炎解毒、止血止痛之效，外用治大面积水火烧烫伤。可用于造林。

生长习性 浅根性，速生。喜光，稍耐阴；喜温暖湿润气候，不耐寒；喜土层深厚、排水良好的酸性及中性土壤，不耐水湿及盐碱。

种质资源 分布于华东、华中及西南，江苏有引种；印度、中南半岛和日本也有。苏州天平山景区、白塘生态植物园等地有栽种，常熟市林场也有栽种，其中观光园东门口有 1 株胸径 35 厘米，生长良好。

黄连木 **Pistacia chinensis** Bunge

形态特征 落叶乔木，树冠近圆球形，树皮片状剥落。常为偶数羽状复叶，互生；小叶 10~14，披针形或卵状披针形，近对生，长 5~10 厘米，宽 1.5~2.5 厘米，两面有少量毛，基部偏斜，全缘。圆锥花序；花小，先花后叶，单性异株。核果倒卵圆形，初黄

白色，成熟时紫红色、紫蓝色。花期 4 月，果期 10~11 月。

用途　木材可供家具和细工用，还可提黄色染料；种子榨油可作润滑油或制皂；幼叶可腌制食用，也可代茶。枝叶茂密，嫩叶红色，秋叶红色或橙色，果紫红色或紫蓝色，均美观，宜作庭荫树、行道树、营造景观林等。

生长习性　深根性，生长速度较慢。喜光，幼树稍耐阴；喜温暖，畏严寒；耐干旱瘠薄，对微酸性至微碱性土壤均能适应，最喜肥沃湿润而排水良好的石灰质土壤。

种质资源　分布长江以南各省区及华北、西北，菲律宾也有。苏州吴中区三山岛、穹窿山、光福等地有野生，在光福石壁寺外有大片黄连木种群。最粗的 3 株胸径分别为 40 厘米、40 厘米和 45 厘米，其他多数在 15 厘米以上。少数公园中也栽种。属于古树者共 3 株，姑苏区园林中有 2 株，昆山市亭林公园内有 1 株。

盐肤木 **Rhus chinensis** Mill.

形态特征　落叶小乔木或灌木，具乳汁。枝密布皮孔和残留的三角形叶痕，被锈色柔毛。单数羽状复叶，互生；叶轴和叶柄常有狭翅；小叶边缘有粗锯齿，背面有棕褐色柔毛。圆锥花序顶生，花序梗密生棕褐色柔毛，花小，杂性。核果扁圆形，密被细柔毛，橙红色。花期 8~9 月，果期 10 月。

用途　寄生在叶上的虫瘿即五倍子，可供药用，亦为染料和鞣革的重要原料。秋叶红色，可作观赏植物栽培。

生长习性　速生。喜光，对气候及土壤的适应性很强。

种质资源　除新疆、青海外，全国均有分布；朝鲜、日本、中南半岛、印度尼西

亚、马来西亚也有。苏州各处山地均有野生，穹窿山望湖园至茅蓬坞一带灌丛中较多见，胸径 3~7 厘米。

本种在苏州未见栽培，可作为秋色叶植物栽种于风景区。

木蜡树 **Toxicodendron sylvestre**（Siebold et Zucc.）O. Kuntze

形态特征 落叶乔木，具乳汁。小枝与冬芽具棕黄色短毛。单数羽状复叶，互生；小叶 7~13，长 4~10 厘米，宽 2~3 厘米。圆锥花序腋生；花序梗密生棕黄色绒毛；花小，杂性，黄色，花梗被毛，其余部位无毛。核果极偏斜，压扁。花期 5~6 月，果期 9~10 月。

用途 种子榨油，供制肥皂、油墨及油漆。

生长习性 喜光；喜温暖，不耐寒；耐干旱瘠薄，忌水湿。

种质资源 分布于长江中下游各省，朝鲜、日本也有。苏州各处山地均有野生。

本种在苏州未见栽培，其叶秋季红色，可作为秋色叶树种，种植于风景区。

35. 冬青科 Aquifoliaceae

冬青科分种检索表

1. 叶全缘或具针齿……………………………………………………………………构骨
1. 叶有锯齿………………………………………………………………………………2
2. 小枝密生毛；叶小，长 1~3 厘米，宽 0.6~1 厘米……………齿叶冬青（龟甲冬青）
2. 小枝无毛；叶较上种大…………………………………………………………………3
3. 叶大，长 8~24 厘米，宽 2~3.5 厘米，厚革质………………………………大叶冬青
3. 叶较上种小，长 5~11 厘米，宽 2~4 厘米……………………………………冬青

冬青 **Ilex chinensis** Sims

形态特征　常绿乔木。叶薄革质，长椭圆形至披针形，少数卵圆形，长 5~10 厘米，宽 2~4 厘米；叶柄长 5~15 毫米。雌雄异株；聚伞花序生在新枝的叶腋，雄花序 7~15（30）朵，雌花序 3~10 朵；花瓣紫红色，向外反卷。果实椭圆形或近球形，熟时深红色，有 4~5 核。花期 5~6 月，果熟期 9~10 月。

用途　种子和树皮药用，为强壮剂；叶有清热解毒作用，可治气管炎和烧烫伤；树皮可提取栲胶；木材坚硬，可作细工材料。枝叶茂密，四季常青，入秋红果满枝，经冬不落，十分美观，常栽作园景树和背景树。

生长习性　深根性，生长较慢。喜光，稍耐阴；喜温暖湿润气候及酸性、肥沃土壤，较耐水湿。

种质资源　分布于长江流域以南各省区，日本也有。苏州各山地有野生，城市绿地中也有栽种。常熟市虞山较多见，在同治汶路所作调查记录到，每 100 平方米内有 10 株，最大胸径 10 厘米，最小胸径 5 厘米，平均胸径 7 厘米。本市冬青古树共 18 株，全部分布在吴中区（东山镇 17 株，穹窿山 1 株），最粗者在东山镇东山村雨花台，胸径 54 厘米，树高 18 米，生长良好。还有粗大个体 6 株，也全部在吴中区（东山镇 5 株，胥口镇 1 株），最粗者在东山村雨花台，胸径 40 厘米，树高 19 米，生长良好。

枸骨 **Ilex cornuta** Lindl. et Paxton

又名猫儿刺、鸟不宿。

形态特征　常绿灌木、小乔木。叶革质，长椭圆状四方形，长 4~9 厘米，宽 2~4 厘

无刺枸骨

米，顶端有 3 枚尖硬的刺齿，中央的刺齿反曲，基部两侧各有 1~2 刺齿，有时全缘。雌雄异株；花小，黄绿色，簇生在枝条上。果实圆球形，熟时红色，有 4 个分核。花期 4~5 月，果期 9~10 月。

用途 叶、果实是滋补强壮药，种子油可制肥皂，树皮作染料或熬胶。常绿，果鲜红而不凋落，所以是观叶、观果的树种。

生长习性 生长缓慢。喜光，稍耐阴；喜温暖湿润气候及酸性、肥沃湿润而排水良好的土壤。

种质资源 分布于长江中下游地区各省区，朝鲜也有。苏州各山地、乡村有野生，也见于城市绿地栽种，在高新区大阳山凤凰寺往西北处调查记录到，100 平方米内约有 40 株，最大地径 3 厘米，最小地径 1 厘米，平均地径 2 厘米。全市有本种古树 10 株，常熟市 3 株，姑苏区 4 株，昆山市 1 株，太仓市 2 株。最粗者在太仓市沙溪镇沙溪中学，胸径 30 厘米，高 9 米，树龄 120 年，生长状况较差。

本市还栽种有本种的品种，无刺枸骨（*Ilex cornuta* 'Fortunei'），见于城市绿地中，如干将路。无刺枸骨的叶无尖硬的刺齿。高新区何山公园中有同一野生植株，兼具无尖刺与有尖刺的两种叶存在于不同枝条。

齿叶冬青 **Ilex crenata** Thunb.

形态特征 常绿灌木。小枝具纵棱，密被短柔毛。叶互生，革质，倒卵形或椭圆形，长 1~3 厘米，宽 0.6~1 厘米，顶端圆钝或近急尖，基部钝或楔形，边缘具圆齿状锯齿，

上面稍被毛，背面无毛。花单生或聚伞花序，雌雄异株；花 4 基数，白色。核果球形，成熟后黑色，分核 4。花期 5~6 月，果期 8~10 月。

用途　栽作庭园观赏树种。

生长习性　喜光，也较耐阴；喜温暖湿润气候，较耐寒，在肥沃的微酸性土壤上生长最佳，中性土壤亦能正常生长。

种质资源　分布于安徽、浙江、江西、福建、台湾、湖北、湖南、广东、广西、海南，日本和朝鲜也有。苏州各处绿地中常见栽培的为本种的一个品种，龟甲冬青（*Ilex crenata* 'Convexa'），其叶拱起，状似龟甲。

大叶冬青 **Ilex latifolia** Thunb.

形态特征　常绿乔木，全体无毛。小枝粗壮，具纵棱，黄褐色，叶痕明显。叶互生，厚革质，椭圆形或卵状椭圆形，长 8~19 厘米，宽 4.5~7.5 厘米，顶端钝或短渐尖，基部阔楔形，边缘具疏锯齿；叶柄粗壮；托叶极小。由聚伞花序组成的假圆锥花序；雌雄异枝，花淡黄绿色，4 基数。核果球形，分核 4。花期 4 月，果期 9~10 月。

用途 本种的木材可作细木原料，叶和果可入药。植株优美，可作庭园绿化树种。

生长习性 喜温暖湿润气候，较耐寒；适生于土质疏松、深厚湿润的土壤，对土壤酸碱度适应性广，在酸性、中性以及微碱性土壤上均能生长。

种质资源 分布于江苏、安徽、浙江、江西、福建、河南、湖北、广西及云南等省区，日本也有。苏州白塘生态植物园、桐泾公园、干将西路与彩香路交界小游园等城市绿地有栽培。吴江苗圃从浙江引种了本种，种源记录清楚。

36. 卫矛科 Celastraceae

卫矛科分种检索表

1. 叶互生；藤本，小枝具明显皮孔，无毛……………………………………………南蛇藤
1. 叶对生；直立乔木、灌木或匍匐或攀缘灌木，小枝皮孔不甚明显………………2
2. 低矮匍匐或攀缘灌木；小枝近圆形，能生出细根…………………………扶芳藤
2. 直立乔木或灌木……………………………………………………………………………3
3. 小枝四棱形…………………………………………………………………………………4
3. 小枝圆柱形，小乔木…………………………………………………………………白杜
4. 落叶性，小枝常具 2~4 木栓翅………………………………………………………卫矛
4. 常绿性，小枝无木栓翅…………………………………………………………大叶黄杨

南蛇藤 **Celastrus orbiculatus** Thunb.

形态特征 落叶木质藤本。小枝圆，髓心充实白色，皮孔大而隆起，无毛。叶互生，通常阔倒卵形，近圆形或倒卵状椭圆形，长5~13厘米，宽3~9厘米，顶端圆，具小尖头或短渐尖，基部阔楔形，边缘具锯齿，上面无毛，背面脉上有时具短柔毛。聚伞花序；花小，杂性，具花盘。蒴果近球状，鲜黄色；种子具红色肉质假种皮。花期5~6月，果期7~10月。

用途 根、茎、叶、果实均可入药，树皮制优质纤维，种子含油50%。园林中可用于垂直绿化。

生长习性 喜光，也耐半阴；适生于湿润气候及肥沃而排水良好的土壤，耐寒性强。

种质资源 分布于东北、华北、华东、华中及四川，朝鲜和日本也有。苏州吴中区西山、穹窿山和常熟市虞山等地有野生。其中，虞山舜过井路一带调查到，100平方米内有20株。

卫矛 **Euonymus alatus**（Thunb.）Siebold

形态特征 落叶灌木。小枝常具2~4列宽阔木栓翅。叶对生，倒卵状椭圆形，长2~5厘米，宽1~3厘米，两面无毛，两头尖，边缘具细锯齿。聚伞花序；花黄绿色，4数，有花盘。蒴果1~4深裂，种子具橙红色肉质假种皮。花期4~6月，果期9~10月。

用途 木翅入药，称“鬼箭羽”。嫩叶与秋叶均红色，栽作庭园观赏树，也用于制作盆景。

生长习性 萌芽力强，耐修剪。喜光，较耐阴；耐寒；在酸性、中性以及石灰质土

上均能生长，耐干旱瘠薄。

种质资源 分布于除东北、新疆、青海、西藏、广东及海南以外的全国各省区，日本、朝鲜也有。苏州一些公园绿地中有栽种，常熟虞山和吴中区穹窿山等山地有野生，其中，虞山石屋路在 100 平方内记录到 3 株。

扶芳藤 **Euonymus fortunei**（Turcz.）Hand.–Mazz.

形态特征 常绿灌木，匍匐或攀缘。小枝近圆柱形，生有瘤点，能生不定根。叶对生，薄革质，椭圆形、倒卵状椭圆形，长 3.5~8 厘米，宽 1.5~4 厘米，顶端钝或急尖，基部楔形，缘有不明显钝齿。聚伞花序；花绿白色，4 数，有花盘。蒴果，粉红色；种子由鲜红色肉质假种皮全包。花期 6~7 月，果期 10 月。

用途 优秀的垂直绿化植物，也可盆栽观赏。

生长习性 耐阴；喜温暖，耐寒性不强；对土壤要求不严，耐干旱瘠薄。

种质资源 分布于江苏、浙江、安徽、江西、湖北、湖南、四川、陕西等省。苏州吴中区穹窿山、高新区大阳山、张家港市香山和常熟市虞山等地有野生，其中，虞山铁佛寺路较多，在 100 平方米内记录到 20 株。

冬青卫矛 **Euonymus japonicus** Thunb.

又名大叶黄杨。

金边冬青卫矛　银边冬青卫矛

形态特征　常绿直立灌木。小枝四棱形。叶对生，革质，有光泽，倒卵形或椭圆形，长 3~5 厘米，宽 2~3 厘米，顶端尖或钝，基部楔形，边缘具浅钝齿。聚伞花序；花绿白色，有花盘。蒴果近球形，淡红色；种子具橘红色肉质假种皮。花期 5~6 月，果熟期 9~10 月。

用途　常栽作绿篱。

生长习性　生长较慢。喜光，也较耐阴；喜温暖湿润的气候和肥沃湿润的土壤，能耐干旱瘠薄，但耐寒性不强。

种质资源　原产日本，我国各地栽培。苏州各地均有栽培，除原种外，还有 2 个品种：金边冬青卫矛（*Euonymus japonicus* 'Aureo-marginatus'）和银边冬青卫矛（*E. japonicus* 'Albo-marginatus'），前者叶片边缘黄色，后者叶片边缘白色。

白杜 **Euonymus maackii** Rupr.

又名丝绵木。

形态特征　落叶小乔木，树冠卵圆形。小枝圆柱形，绿色，无毛。叶对生，卵形至卵状椭圆形，长 4~8 厘米，宽 2~5 厘米，顶端长渐尖，基部阔楔形或近圆形，边缘具细锯齿；叶柄细长。聚伞花序；花 4 数，淡绿色，有花盘。蒴果倒圆心状，粉红色；种子具橙红色肉质假种皮。花期 5~6 月，果期 9~10 月。

用途　小枝细长下垂，秋季有大量红艳的果实悬挂其上，十分美观，为良好的园林绿化与观赏树种。树皮含硬橡胶；种子含油率高，可做工业用油；种子和根可药用；木材细韧，可供雕刻等用。

生长习性　深根性，生长速度中等偏慢。喜光，稍耐阴；耐寒；对土壤要求不严，耐干旱，也耐水湿，但以肥沃、湿润而排水良好的土壤上生长最好。

种质资源　分布于东北、华北、内蒙古、甘肃、华中、华东，俄罗斯和朝鲜也有。

37. 省沽油科 Staphyleaceae

野鸦椿 **Euscaphis japonica**（Thunb. ex Roem. et Schult.）Kanitz

形态特征　落叶灌木或小乔木。小枝及芽红紫色，枝叶揉搓后发出恶臭气味。单数羽状复叶，对生；小叶通常5~9，长卵形或椭圆形，长5~11厘米，宽2~3厘米，顶端渐尖，基部钝圆，边缘具疏锯齿，齿尖有腺体。圆锥花序顶生，花黄白色，细小；花5数；有花盘；心皮3，分离。蓇葖果，紫红色；种子，假种皮肉质，黑色。花期5~6月，果期8~10月。

用途　种子油可制肥皂；根和果入药，有祛风除湿之效；茎皮及叶可作土农药。

生长习性　喜温暖、阴湿环境，忌水涝；在肥沃的微酸性土上生长最佳，在中性以及石灰质土上也能生长。

种质资源　分布于黄河流域以南各省区。苏州各处山地有野生。在常熟虞山石屋路调查中记录到，每100平方米有4~5株，最大胸径8厘米，平均胸径3厘米。

本种在苏州未见栽培，其红色的果实挂在枝头，似小小的灯笼，颇美观，可作园林绿化树种加以利用。

38. 槭树科 Aceraceae

槭树科分种检索表

1. 单 叶 ……………………………………………………………………………………………2
1. 奇数羽状复叶，小叶 3~7，有白粉……………………………………………梣叶槭
2. 叶不分裂，稀两侧微浅裂……………………………………………………………3
2. 叶 分 裂 ……………………………………………………………………………………4
3. 叶全缘，或有 3 裂片，背面有白粉……………………………………………三角槭
3. 叶具缺刻状复锯齿，背面无白粉，叶长 3~8 厘米……………………………苦茶槭
4. 叶 3~5 裂 …………………………………………………………………………………5
4. 叶 7~11 裂，稀部分叶 5 裂……………………………………………………………6
5. 叶多 3 裂，背面有白粉，基部不为心形……………………………………………三角槭
5. 叶多 5 裂，背面无白粉，基部心形…………………………………………………色木槭
6. 小枝、叶柄及叶背面有毛……………………………………………………………羽扇槭
6. 小枝、叶柄及叶背面无毛……………………………………………………………鸡爪槭

三角槭 **Acer buergerianum** Miq.

又名三角枫。

红花槭

形态特征 落叶乔木。小枝细，幼时有短柔毛，后变无毛，稍有蜡粉。单叶，对生，顶端常有3浅裂，基部圆形，全缘或上部具疏锯齿，幼时上面及叶柄都密生柔毛，背面有白粉，微有柔毛，有掌状3出脉。伞房花序顶生，有短柔毛；萼片5，花瓣5，黄绿色；有花盘。翅果；果翅呈锐角或直角。花期4~5月，果期9~10月。

用途 枝叶茂密，夏季浓荫覆地，入秋叶色暗红，颇为美观，可作庭荫树、行道树、护岸树以及绿篱树栽植。其树桩常制成盆景。

生长习性 树系发达；萌芽力强，耐修剪。喜稍荫蔽；喜温暖、湿润环境及中性至酸性土壤，较耐水湿，有一定的耐寒力。

种质资源 分布于长江流域各省，北达山东，南至广东，东南至台湾，日本也有。苏州各地栽培或山地有野生，天平山有野生高大乔木。全市本种古树共10株，常熟市5株，吴江区3株，太仓市2株。最粗者在吴江区松陵镇三角井南，胸径45厘米，树高16米，树龄110年，生长状况一般，树干基部有空洞。

羽扇槭 **Acer japonicum** Thunb.

又名日本槭、舞扇槭。

形态特征 落叶小乔木，树皮平滑，灰色。小枝、叶柄及叶背面有毛，老时少或无。叶对生，掌状 7~11 裂，长 9~12 厘米，基部深心形，裂片边缘具锐尖的锯齿。顶生伞房花序；花杂性；萼片 5，紫色；花瓣 5，白色；有花盘。翅果呈钝角张开。花期 5 月，果期 9 月。

用途 树姿优美，秋叶红色，是庭园绿化与观赏树种。

生长习性 生长较慢。弱喜光，耐半阴；稍耐寒。

种质资源 原产日本和朝鲜。苏州白塘生态植物园、常熟虞山公园有栽培。昆山亭林公园栽种有本种的一个品种，乌头叶羽扇槭（*Acer japonicum* 'Aconitifolium'），其叶深裂至近基部，裂片羽状分裂。

梣叶槭 **Acer negundo** Linn.

又名复叶槭、羽叶槭。

形态特征 落叶乔木，树冠球形。小枝绿色或带紫红，无毛。奇数羽状复叶，对生；小叶 3~7，卵形或椭圆状披针形，长 8~10 厘米，宽 2~4 厘米，背面脉腋有丛毛，边缘常有 3~5 个粗锯齿。雌雄异株，雄花序聚伞状，雌花序总状；花小，黄绿色，先叶开放，无花瓣及花盘。翅果呈锐角或直角张开。花期 4~5 月，果期 9 月。

用途 庭园观赏、城市绿化树种，也是很好的蜜源植物。

生长习性 喜光；喜冷凉气候，耐干冷；宜生长于深厚、肥沃、湿润土壤，稍耐水湿。

种质资源 原产北美洲。苏州白塘生态植物园有栽培，包括一个花叶品种，花叶复叶槭（*Acer negundo*‘Variegatum’）。昆山千灯镇生态园名木文化苑有 1 株梣叶槭，胸径 33.5 厘米。

鸡爪槭 **Acer palmatum** Thunb.

形态特征 落叶小乔木。小枝细瘦，紫色或灰紫色。叶对生，近圆形，基部心形或近心形，掌状深裂，裂片 7，边缘具紧贴的锐锯齿，背面仅脉腋有白色簇生的毛，叶柄无毛。伞房花序，雄花与两性花同株，无毛；花紫色，花萼及花瓣都为 5；有花盘。翅果，呈钝角张开。花期 4~5，果期 9~10 月。

羽毛槭

红枫

用途 枝叶民间用作治关节酸痛配方。树冠如伞，叶秋季或四季红色，是优秀庭园观叶树种，也是制作盆景的好材料。

生长习性 生长速度中等偏慢。弱喜光，耐半阴，易受夏季日灼之害；喜温暖湿润气候及肥沃、湿润而排水良好的土壤，耐寒性不强，酸性、中性及石灰质土均能适应。

种质资源 分布于长江流域各省，北达山东，南至浙江；朝鲜、日本也有。本种在苏州的栽培历史悠久，属于古树者共 21 株，吴中区 6 株，姑苏区 5 株，常熟市 9 株，昆山市 1 株。最粗者在吴中区藏书镇天池村寂鉴寺石屋旁，胸径 33 厘米，树高 12 米，树龄 150 年，生长良好。在本市城市绿地中除了栽种原种外，还有 3 个品种，叶色常红的红枫（*Acer palmatum* 'Atropurpureum'）、叶裂片进一步细裂且枝叶下垂的羽毛枫（*A. palmatum* 'Dissectum'）和形态与羽毛枫一致而叶色常红的红羽毛枫（*A. palmatum* 'Ornatum'）。

色木槭 **Acer pictum** subsp. **mono**（Maxim.）Ohashi

又名五角枫、五角槭。

形态特征 落叶乔木。小枝细瘦，无毛。叶对生，长 6~8 厘米，宽 9~11 厘米，掌

状5裂，基部略带心形，全缘，背面脉上或脉腋被黄色短柔毛。顶生圆锥状伞房花序，雄花与两性花同株；萼片5；花瓣5，淡白色；有花盘。翅果，呈锐角或近于钝角张开。花期5月，果期9月。

用途　木材细密，可供建筑、车辆、乐器和胶合板等用。栽作庭园绿化、行道树或防护林等。

生长习性　生长速度中等。弱喜光，耐半阴；喜温凉湿润气候及肥沃、湿润而排水良好的土壤，在酸性、中性及石灰质土上均能生长。

种质资源　分布于东北、华北和长江流域各省，俄罗斯西伯利亚东部、蒙古、朝鲜和日本也有。苏州各地有少量栽种，其中虎丘有1株胸径40厘米，生长良好。

苦茶槭

Acer tataricum subsp. **theiferum**（W.P. Fang）Y. S. Chen et P.C. DeJong

又名苦茶枫。

形态特征　落叶灌木或小乔木。小枝细，无毛，当年生枝绿色或紫绿色。叶薄纸质，卵形或椭圆状卵形，长5~8厘米，宽2.5~5厘米，不分裂或不明显的3~5裂，边缘有不规则的重锯齿，背面疏被白色柔毛。伞房花序长3厘米，有白色疏柔毛；子房有疏柔毛。翅果，呈锐角至直角张开。花期5月，果期9月。

用途　树皮、叶和果实可作黑色染料；树皮纤维可用于造纸；嫩叶烘干后可代替茶叶；种子榨油，可制造肥皂。

生长习性　弱喜光，耐半阴；喜深厚而排水良好的沙质壤土。

种质资源　分布于华东和华中各省区。生于低海拔的山坡疏林中。苏州上方山等地

有野生。吴中区西山村落也有零星分布，胸径 7 厘米左右，共记录到 5 株。

本种在苏州未见栽培，其枝叶秀美，夏果红色，嫩叶可作茶饮，可植于庭院一隅，食赏两宜。

39. 七叶树科 Hippocestanaceae

（APG III 系统中，下 1 种归属无患子科 Sapindaceae）

七叶树 **Aesculus chinensis** Bunge

形态特征 落叶乔木，树冠半球形或近伞形。掌状复叶；小叶 5~7，长圆披针形至长圆倒披针形，长 8~16 厘米，宽 3~5 厘米，边缘具细锯齿，背面叶脉基部幼时有疏柔毛。圆锥花序；花杂性，雄花与两性花同株，花萼不等 5 裂；花瓣 4，白色；有花盘。蒴果球形，栗褐色。花期 4~5 月，果期 10 月。

用途 木材细密，可制造各种器具；种子可作药用，榨油可制造肥皂。栽作行道树和庭园树。

生长习性 深根性，生长速度中等偏慢。喜光，稍耐阴；喜温暖气候，较耐寒；喜深厚、肥沃、湿润而排水良好的土壤。

种质资源 河北南部、山西南部、河南北部、陕西南部、江苏各地均有栽培，仅秦岭有野生的。苏州一些公园绿地、居住小区等有栽培，吴中区藏书镇前丰村有 1 株本种大树，胸径 35 厘米，生长良好。

40. 无患子科 Sapindaceae

无患子科分种检索表

1. 一回偶数羽状复叶，小叶全缘……………………………………………………无患子

1. 二回奇数羽状复叶，小叶有锯齿或全缘………………………………复羽叶栾树

复羽叶栾树 **Koelreuteria bipinnata** Franch.

形态特征 乔木，树冠近球形。二回奇数羽状复叶；小叶 9~17，互生，稀对生，长 3.5~7 厘米，宽 2~3.5 厘米，基部略偏斜，边缘有锯齿或全缘，上面中脉微被毛，背面密被毛。圆锥花序；萼 5 裂；花瓣 4，不等大，黄色。蒴果椭圆形，具 3 棱，淡紫红色，老时褐色，顶端钝。花期 7~9 月，果期 8~10 月。

用途 根花入药，花可作黄色染料，木材可制家具，种子油工业用。常栽作庭园树、行道树。

生长习性 深根性，不耐修剪，速生树种。喜光，幼树耐阴；喜温暖湿润气候，耐寒性不强；对土壤要求不严，微酸性和中性土均能适应。

种质资源 分布于华东、华中、华南及西南各省区。苏州各地有栽培。

无患子 **Sapindus saponaria** Linn.

形态特征 落叶大乔木。小枝无毛。偶数羽状复叶；小叶 10~16，近对生，长椭圆状披针形或稍呈镰形，长 7~15 厘米，宽 2~5 厘米，基部偏斜，背面有时被微柔毛。圆锥花序顶生；花小，花瓣 5，辐射对称；有花盘。果近球形。花期 5~6 月，果期 9~10 月。

用途 根和果入药，有小毒；果皮含有皂素，可用于洗涤。常栽作庭荫树和行道树。

生长习性 深根性，不耐修剪，生长速度较快。喜光，稍耐阴；喜温暖湿润气候，耐寒性不强；对土壤要求不严，微酸性和中性土均能适应。

种质资源 分布于东部、南部至西南部，日本、朝鲜、中南半岛和印度也有。苏州各地有栽培。吴中区天平山和穹窿山茅蓬坞各有类似野生的植株。穹窿山的 1 株，胸径 45 厘米，与南京椴生长在一起。

41. 清风藤科 Sabiaceae

红柴枝 **Meliosma oldhamii** Miq.

又名南京珂楠树、红枝柴。

形态特征 落叶乔木。奇数羽状复叶，全体被褐色柔毛；小叶 7~15，下部的卵形，长 3~5 厘米，中部的长圆状卵形，边缘具疏锯齿。圆锥花序顶生；花白色；萼片 5；花瓣 5 片，大小极不相等。核果球形。花期 5~6 月，果期 8~9 月。

用途 木材坚硬，可作车辆用材；种子油可制润滑油。可栽作庭荫树、行道树。

生长习性 深根性。耐阴；喜温暖湿润气候及肥沃土壤，生长于丛林中。

种质资源 分布于长江流域各省，朝鲜和日本也有。苏州仅在吴中区穹窿山有零星分布，其中茅蓬坞有 1 株较粗，胸径为 44 厘米。

42. 鼠李科 Rhamnaceae

鼠李科分种检索表

1. 植物体有刺……………………………………………………………………………2
1. 植物体无刺……………………………………………………………………………4
2. 有托叶刺，一长一短；叶互生，三出脉…………………………………………枣
2. 有枝刺，叶对生或近对生，羽状脉…………………………………………………3
3. 侧枝硬化成刺……………………………………………………………………雀梅藤
3. 小枝顶端硬化成刺……………………………………………………………圆叶鼠李
4. 叶三出羽状脉，宽卵形至心形……………………………………………………枳椇
4. 叶羽状脉，倒卵状矩圆形……………………………………………………………5
5. 顶芽为裸芽，密被锈褐色绒毛；托叶早落；叶背面沿叶脉被褐色绒毛…长叶冻绿
5. 无顶芽，侧芽为鳞芽，形小，无毛；托叶宿存；叶背面疏被灰色柔毛………猫乳

枳椇 **Hovenia acerba** Lindl.

又名拐枣。

形态特征　落叶乔木。叶互生，卵形或卵圆形，长8~16厘米，宽6~11厘米，顶端渐尖，基部圆形或心形；背面沿脉和脉腋有细毛；三出脉；边缘有粗锯齿；叶柄红褐色。腋生或顶生复聚伞花序；花淡黄绿色，有花盘。果梗肥厚扭曲，肉质，红褐色；果实近球形，无毛，灰褐色。花期6月，果期8~10月。

用途　果柄经霜后甜，可生食或酿酒；果实入药，清凉利尿；木材硬度适中，可作建筑、家具和工艺品等。栽作庭荫树、行道树，用于城乡绿化等。

生长习性　深根性。喜光；稍耐寒；对土壤要求不严，在土层深厚、湿润、排水良好处生长最佳。

种质资源　分布于华北南部、华东、华中、西北、西南各省区，朝鲜、日本也有。吴中区穹窿山、高新区花山、常熟市虞山等地有野生，个别园林以及吴中区东山镇等也有栽种。全市有本种古树2株，太仓市和姑苏区各1株。较大的个体吴中区东山镇东山村雨花台有1株，胸径32厘米，生长良好；吴中区穹窿山有1株，胸径38厘米，生长良好。

猫乳 **Rhamnella franguloides**（Maxim.）Weberb.

形态特征　落叶灌木或小乔木。无顶芽。叶倒卵状矩圆形，稀倒卵形，长4~12厘米，

宽 2~5 厘米，顶端尾尖、渐尖或骤短尖，基部楔形至圆形，边缘具细锯齿，背面被柔毛或仅沿脉被柔毛；叶柄密被柔毛；托叶宿存。聚伞花序腋生；花黄绿色，两性，5 数，有花盘。核果圆柱形。花期 5~7 月，果期 7~10 月。

用途 根供药用，治疥疮；皮含绿色染料。

生长习性 喜光，稍耐阴；生于山坡、路旁灌木林中。

种质资源 分布于陕西南部、山西南部、河北、河南、山东、江苏、安徽、浙江、江西、湖南、湖北西部，日本、朝鲜也有分布。苏州吴中区漫山岛、东山等地有野生。在东山丙常村罗汉坞中记录到 2 株，地径不足 1 厘米。

本种的果实由绿转黄再变红，最后为紫黑色，颇美观，又能招引鸟类采食，可开发作庭园观赏植物。

长叶冻绿 **Rhamnus crenata** Siebold et Zucc.

形态特征 落叶灌木或小乔木。顶芽为裸芽，密被锈褐色绒毛。叶倒卵状椭圆形至长圆形，长 4~14 厘米，宽 2~5 厘米，顶端短尾尖至急尖，基部楔形或近圆形，边缘具锯齿，背面被柔毛；叶柄密被柔毛；托叶早落。聚伞花序腋生；花两性，5 数，有花盘。核果球形或倒卵状球形，绿色变红色至紫黑色。花期 5~8 月，果期 8~10 月。

用途 根皮与全株入药，有毒，民间用于洗治顽癣或疥疮；根和果实可作黄色染料。

生长习性 较耐阴；适应性较强，生于山地林下或灌丛中。

种质资源 分布于陕西、河南、长江流域及以南地区，朝鲜、日本、越南、老挝、柬埔寨也有。苏州各处山地有野生，在高新区大阳山凤凰寺往西北仅有零星几株，地径2厘米。

本种的果实由绿变红，最后为紫黑色，颇美观，又能招引鸟类采食，可开发作庭园观赏植物。

圆叶鼠李 **Rhamnus globosa** Bunge

形态特征 灌木。小枝近对生，顶端具针刺。叶对生或近对生，近圆形至卵圆形，长2~6厘米，宽1.2~4厘米，边缘具圆齿状锯齿，上面初时密被柔毛，背面全体或沿脉被柔毛，叶柄密被柔毛；托叶线形，宿存。花单性，雌雄异株，簇生，4数，有花瓣。核果球形或倒卵状球形，成熟时黑色。花期4~5月，果期6~10月。

用途 茎皮果实和根可作绿色染料，果实可药用。

生长习性 较耐阴，耐寒，生于山坡、林下或灌丛中。

种质资源 分布于辽宁、河北、山西、河南、陕西、山东、安徽、江苏、浙江、江西、湖南及甘肃等地。苏州天平山、花山、三山岛和常熟虞山等地有野生。在三山岛黄连木与榉树林下的植株，地径约2厘米。

雀梅藤 **Sageretia thea** (Osbeck) M.C. Johnst.

形态特征 藤状或直立灌木；小枝具刺，互生或近对生，被短柔毛。叶近对生或互生，通常椭圆形，长 1~4.5 厘米，宽 0.7~2.5 厘米，顶端有小尖头，基部圆形或近心形，边缘具细锯齿，背面有时沿脉被柔毛；叶柄；托叶早落。花数个簇生排成穗状或圆锥状穗状花序，花黄色。核果近圆球形，熟时紫黑色。花期 7~11 月，果期翌年 3~5 月。

用途 嫩叶可代茶，果酸味可食。常作盆景材料，也栽作绿篱。

生长习性 耐修剪。喜光，稍耐阴；喜温暖湿润气候，不耐寒。

种质资源 分布于华东、华中、华南及西南，印度、越南、朝鲜、日本也有。苏州各处山地有野生，在吴中区穹窿山望湖园至茅蓬坞一带白栎灌丛中偶见数株，地径 1 厘米。常熟市虞山和辛庄镇各有 1 株本种古树。本种作为盆景材料曾遭采挖，野生资源较少，应加强保护。

枣 **Ziziphus jujuba** Mill.

形态特征 落叶小乔木，树皮灰褐色，条裂。枝有长枝、短枝和脱落性短枝，具托叶刺，长短各一。叶互生，卵状椭圆形，长 3~7 厘米，宽 1.5~4 厘米，顶端有小尖头，基部稍不对称，边缘具细钝齿，背面有时沿脉疏被微毛，三出脉。腋生聚伞花序或花单生；花黄绿色，两性，5 数，有花盘。核果长球形。花期 5~7 月，果期 8~9 月。

用途 果实供鲜食，也可制成蜜饯、果脯，还是良好的蜜源植物。可栽于庭园，兼具绿化观赏与果用功能。

生长习性 深根系。喜光，不耐阴；喜干冷气候；耐干旱瘠薄，最宜生长在中性或

白蒲枣

马眼枣

微碱性的沙壤土上，但对酸性、盐碱土及低洼潮湿有一定的耐性。

种质资源 分布于东北南部至华南、西南，西北至新疆，亚洲其他国家与地区、欧洲和美洲常有栽培。苏州各地均有栽培，较大个体共 4 株，常熟市 3 株，昆山市 1 株。最粗者在昆山市千灯生态园名木文化苑内，胸径 33 厘米，树高 7 米，生长状况一般，截干。苏州主产枣子品种有 2 个，常见者为白蒲枣（*Ziziphus jujuba* 'Baipu'），稀有者为马眼枣（*Z. jujuba* 'Mayan'），目前只产于吴中区三山岛。

43. 葡萄科 Vitaceae

葡萄科分种检索表

1. 卷须顶端有吸盘……………………………………………………………爬山虎

1. 卷须顶端无吸盘……………………………………………………………………2

2. 叶背面密被白色、锈色绵毛；叶 3~5 深裂，每个裂片再分裂，呈缺刻状齿…蘡薁

2. 叶背面无毛或稍被短柔毛；叶掌状 3~5 浅至中裂，裂片边缘具粗齿…………葡萄

爬山虎 **Parthenocissus tricuspidata** （Siebold et Zucc.） Planch.

又名地锦。

五叶地锦

形态特征 落叶木质藤本；卷须短，多分枝，顶有吸盘。叶互生，花枝上的叶宽卵形，长 8~18 厘米，宽 6~16 厘米，通常 3 裂，下部枝上的叶分裂为 3 小叶，幼枝上的叶较小，常不分裂。聚伞花序通常生于 2 叶之间的短枝上，较叶柄短；花 5 数，花盘不明显。浆果蓝黑色。花期 6 月，果期 9~10 月。

用途 根、茎可入药。优美的攀缘植物，可用于垂直绿化，如攀爬覆盖墙面等。

生长习性 速生。喜阴；耐寒；对气候与土壤的适应能力很强。

种质资源 分布于吉林至广东；日本也有。苏州各地常见，常栽作垂直绿化，在山地也有野生，如三山岛香樟、化香林下，有零星分布，地径约 1 厘米。

五叶地锦［*Parthenocissus quinquefolia*（Linn.）Planch.］的叶为掌状 5 小叶，原产北美，在苏州偶见栽培。

蘡薁 **Vitis bryoniifolia** Bunge

形态特征 落叶木质藤本。小枝有棱纹。卷须两叉分枝，与叶对生。叶互生，长圆卵形，长 2.5~8 厘米，宽 2~5 厘米，3~5 深裂或浅裂，裂片常再次分裂，呈缺刻状，基部心形，背面密被白色、锈色绵毛。花杂性异株，圆锥花序与叶对生；花瓣 5，帽状黏合脱落；花盘发达。浆果球形，熟时紫红色。花期 4~8 月，果期 6~10 月。

用途 全株供药用，能祛风湿、消肿痛；果可用于酿酒。

生长习性 喜光，较耐阴；喜温暖湿润气候，较耐寒；生山谷林中、灌丛、沟边或田埂。

种质资源 分布于河北、陕西、山西、山东、江苏、安徽、浙江、湖北、湖南、江西、福建、广东、广西、四川、云南。苏州各地有野生，张家港香山慈鹿亭旁有 3 株，地径均不足 1 厘米。

葡萄 **Vitis vinifera** Linn.

形态特征 落叶木质藤本。卷须两叉分枝，与叶对生。叶互生，卵圆形，长 7~18 厘米，宽 6~16 厘米，3~5 浅裂或中裂，边缘有锯齿，基部深心形，两侧常靠合，背面有时有毛。圆锥花序，与叶对生；花瓣 5，呈帽状黏合脱落；花盘发达。浆果球形。花期

4~5 月，果期 7~9 月。

用途 果可生食或制成葡萄干，也可酿酒。

生长习性 喜光；喜干燥及夏季高温的大陆性气候，冬季需低温，但须防严寒（低于 −16℃时，但不同品种有差异）；以土层深厚、排水良好的微酸性至微碱性沙质或砾质土为佳。

种质资源 我国各地栽培；原产亚洲西部，世界各地广为栽培。苏州各地栽培，在昆山巴城葡萄园、张家港澳洋公司和相城（社区）等地栽培的品种（含提子）有巨峰、魏可、醉金香、巨玫瑰、夏黑、金手指、红富士、金香玉、贵妃玫瑰、夏玉红、白罗莎、黄玫瑰、亚历山大、玉指等。

44. 杜英科 Elaeocarpaceae

杜英 **Elaeocarpus decipiens** Hemsl.

形态特征　常绿乔木。叶薄革质，披针形或倒披针形，长 7~12 厘米，宽 2~3.5 厘米，两面无毛，基部楔形，常下延，侧脉 7~9 对，边缘有小钝齿。总状花序；花白色；花瓣上半部撕裂，外面无毛，有花盘。核果椭圆形。花期 6~7 月，果期 10~11 月。

用途　木材坚实细致，可供建筑、家具等用，还用于栽培香菇。常栽作庭园树、行道树。

生长习性　根系发达，耐修剪；生长速度中等偏快。喜温暖潮湿环境，不耐寒；稍耐阴，喜排水良好、湿润、肥沃的酸性土壤。

种质资源　分布于广东、广西、福建、台湾、浙江、江西、湖南、贵州和云南，日本也有。苏州作为庭园树与行道树栽培。在绿化上往往笼统地把山杜英［*Elaeocarpus sylvestris*（Lour.）Poir.］、杜英与秃瓣杜英（*E. glabripetalus* Merr.）称作杜英。实际上，这 3 个种的区别确实很小，以至于有些学者认为应该归并，即属于同一个种——山杜英。但《中国植物志》的作者认为，应该分为 3 个种，区别如下：杜英的叶薄革质，披针形或倒披针形，侧脉 7~9 对；而山杜英的叶纸质，倒卵形或倒披针形，侧脉 5~6 对；秃瓣杜英与山杜英的叶相似，但前者侧脉较多，为 8 对，且前者花瓣外面无毛（与杜英相同），而后者有毛。

45. 椴树科 Tiliaceae

椴树科分种检索表

1.灌木或小乔木；叶柄长0.5~1厘米，托叶条状披针形，常宿存；花盘发达…扁担杆

1.乔木；叶柄长3~4厘米，托叶舌状，早落；无花盘……………………………南京椴

扁担杆 **Grewia biloba** G. Don

形态特征 落叶灌木或小乔木。叶椭圆形或倒卵状椭圆形，长4~9厘米，宽2.5~4厘米，顶端锐尖，基部楔形或钝形，两面有稀疏星状毛，基部出脉3条，边缘有细锯齿；叶柄长0.5~1厘米；托叶多宿存。聚伞花序腋生；花淡黄色，萼片与花瓣各为5。核果红色，有2~4颗分核。花期5~7月，果期8~9月。

用途 枝叶药用，茎皮纤维可作人造棉。

生长习性 喜光，稍耐阴；耐寒；耐干旱瘠薄，对土壤要求不严，在肥沃的壤土上生长最佳。

种质资源 分布于江苏、江西、湖南、浙江、广东、台湾、安徽、四川等省区。苏州上方山、吴中区穹窿山和西山、张家港市香山和常熟市虞山等地有野生。在虞山铁佛寺路，100平方米样方内记录到6株，其中1株4分枝，1株20分枝，地径最大5厘米、最小1厘米、平均2厘米。

本种在苏州未见栽培，其果红艳，且经久不落，可栽作观赏植物，宜与假山石配置或植于疏林下。

南京椴 **Tilia miqueliana** Maxim.

形态特征 落叶乔木，树皮灰白色；嫩枝有黄褐色茸毛。叶卵圆形，长9~12厘米，宽7~9.5厘米，顶端急短尖，基部心形，常稍偏斜，背面被灰色或灰黄色星状毛，边缘有整齐锯齿；叶柄长3~4厘米。聚伞花序，被星状毛；苞片狭窄倒披针形，两面有星状柔毛。果实球形，被星状毛。花期7月，果期9月。

用途　茎皮纤维可制人造棉；木材坚韧，可做家具；蜜源植物。优良的园林绿化树种，也是寺庙场所栽种的重要树种。

生长习性　喜温暖湿润气候；耐干旱瘠薄，对土壤要求不严。

种质资源　分布于江苏、浙江、安徽、江西、广东，日本也有。苏州仅在吴中区穹窿山茅蓬坞有野生，其中 2 株古树，最大胸径 44 厘米。

46. 锦葵科 Malvaceae

锦葵科分种检索表

1. 叶片倒卵形或扁圆形，宽大于长，不分裂，全缘或中上部有细锯齿……海滨木槿

1. 叶片卵形至心形，3 裂或 5 裂，有粗齿………………………………………………2

2. 叶片多为 5~7 裂…………………………………………………………………木芙蓉

2. 叶片通常 3 裂……………………………………………………………………木槿

海滨木槿 **Hibiscus hamabo** Siebold et Zucc.

形态特征 落叶灌木。小枝、叶柄、托叶、花梗、小苞片及花萼均密被灰白色或淡黄色星状毛。叶互生，倒卵形、扁圆形，长3~6厘米，宽3.5~7厘米，顶端有突尖，基部平或浅心形，全缘或中上部有细圆齿，两面具毛。花单生，黄色，底部紫色；小苞片8~10；雄蕊花丝合生成管状；花柱5裂。蒴果三角状卵形，种子表面具乳突。花期6~8月，果期9~10月。

用途 茎皮纤维可制绳索。花大而艳，叶于冬季落叶前转红，是优良的庭园观赏植物。

生长习性 喜光；耐盐碱，抗风，原产地为海滨盐碱地。

种质资源 分布于浙江，日本和朝鲜也有。苏州虎丘湿地公园有栽培，生长良好。

木芙蓉 **Hibiscus mutabilis** Linn.

形态特征 落叶灌木或小乔木。小枝、叶柄、花梗和花萼均密被星状毛和短柔毛。叶互生，卵圆状心形，直径7~15厘米，常掌状5~7裂，边缘具钝齿，上面疏、背面密被星状毛。花单生叶腋，由白色或淡红色变为深红色；小苞片8；雄蕊花丝合生成管状；花柱5裂。蒴果扁球形，种子被长柔毛。花期8~10月，果期9~11月。

用途 花、叶供药用。为常见的园林观赏植物。

生长习性 生长较快，萌蘖性强。喜光，稍耐阴；喜温暖湿润气候，不耐寒；喜肥沃湿润而排水良好的沙壤土。

种质资源 原产湖南，黄河流域以南均有栽培；日本和东南亚各国也有栽培。苏州各地园林绿地中均有种植，除原种（单瓣，花瓣5）外，常见重瓣品种——重瓣木芙蓉（*Hibicus mutabilis* 'Plenus'）。

木槿 **Hibiscus syriacus** Linn.

形态特征 落叶灌木。小枝密被黄色星状绒毛。叶菱形至三角状卵形，长4~7厘米，宽2~4厘米，不裂或中部以上3裂，基部楔形，边缘具不整齐齿缺，幼时两面均疏生星状毛。花单生于叶腋，淡紫色；小苞片6~8；雄蕊柱长约3厘米；花柱无毛。蒴果卵圆形，种子被长柔毛。花期7~10月，果期10~11月。

用途 全株入药；茎皮富含纤维，可作造纸原料。用于园林绿化，常作绿篱种植。

生长习性 萌蘖性强，耐修剪。喜光，耐半阴；喜温暖湿润气候，较耐寒；耐干旱瘠薄，可在中度盐渍土（含盐0.2%~0.4%）上生长。

种质资源 原产我国中部中，现台湾、福建、广东、广西、云南、贵州、四川、湖南、湖北、安徽、江西、浙江、江苏、山东、河北、河南、陕西等省区均有栽培。苏州城乡各地均有栽种。

47. 梧桐科 Sterculiaceae

梧桐 **Firmiana simplex**（Linn.）W. Wight

形态特征 落叶乔木，树干挺直，树皮绿色，平滑。叶互生，心形，直径 15~30 厘米，3~5 掌状分裂，全缘，背面有细绒毛。花小，黄绿色，单性或杂性；萼片 5，外面密生黄色星状毛；无花瓣；雄蕊合成一柱；雌蕊心皮 5，部分离生。蓇葖果，5 瓣。花期 7 月，果期 11 月。

用途 木材可作乐器，家具，传说焦尾琴用此种木材制成；种子可炒食，亦可榨油。传统的庭园绿化树种，清朝陈淏子《花镜》说："（梧桐）木无节而直生，理细而性紧。皮青如翠，叶缺如花，妍雅华净，新发时赏心悦目，人家轩斋多植之。"

种质资源 原产我国与日本，华北至华南、西南各省区都有栽培。苏州各地均有栽培，太仓市人民公园有 1 株胸径 39 厘米的本种大树。在吴中区穹窿山和三山岛、高新区大阳山、常熟市虞山等地也有野生，其中穹窿山茅蓬坞记录到本种最大胸径 21 厘米。

48. 山茶科 Theaceae

（格药柃在 APG III 系统中属于五列木科 Pentaphylacaceae）

山茶科分种检索表

1. 叶全缘……………………………………………………………………………厚皮香
1. 叶缘有锯齿 ……………………………………………………………………………2
2. 冬芽芽鳞多数 …………………………………………………………………………3
2. 冬芽芽鳞 1~2 片 ………………………………………………………………………6
3. 幼枝被毛，叶柄稍被毛………………………………………………………………茶梅
3. 幼枝无毛，叶柄无毛 …………………………………………………………………4
4. 叶厚革质，侧脉在上面不明显…………………………………………………………5
4. 叶薄革质，侧脉在上面明显，并凹下…………………………………………………茶
5. 叶背面无散生的木栓疣，子房无毛……………………………………………………山茶
5. 叶背面全面散生木栓疣，子房被毛………………………………………………单体红山茶
6. 叶二列状排列，顶芽无毛……………………………………………………………格药柃
6. 叶螺旋状排列，顶芽被白色长毛………………………………………………………木荷

山茶 **Camellia japonica** Linn.

又名茶花。

形态特征　常绿灌木或小乔木。嫩枝无毛。叶互生，革质，椭圆形，长5~10厘米，宽2.5~5厘米，顶端短钝渐尖，基部阔楔形，上面有光泽，两面无毛，边缘有细锯齿。花单生或对生，无柄；花瓣6~7或重瓣；雄蕊外轮花丝基部连合；子房无毛。蒴果圆球形。花期1~4月，果秋季成熟。

用途　著名观花植物。花有止血功效，种子榨油，供工业用。

生长习性　喜半阴；喜温暖湿润气候，酷热与严寒均不宜；在肥沃湿润、排水良好的微酸性土上生长良好，不耐碱性土。

种质资源　四川、台湾、山东、江西等地有野生种，国内各地广泛栽培；日本也有。苏州各地均有栽培，有5株属于古树，吴中区1株，太仓市1株，吴江区1株，姑苏区2株。

茶梅 **Camellia sasanqua** Thunb.

又名茶梅花。

形态特征　常绿小乔木。嫩枝有毛。叶互生，革质，椭圆形，长3~5厘米，宽2~3厘米，顶端短尖，基部楔形，上面暗绿色，边缘有细锯齿；叶柄稍被毛。花单生或2~3朵顶生或腋生；花瓣6~7，或重瓣，红色或白色；雄蕊离生；

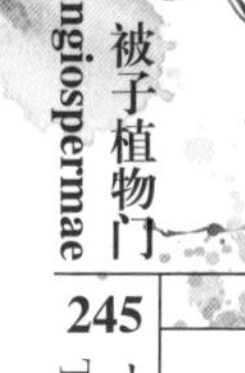

子房被白色茸毛。蒴果球形。花期 11 月至翌年 3 月，果期翌年 7~8 月。

用途 传统观花植物，常栽作观花绿篱和观花地被。

生长习性 喜光，较耐阴；喜温暖湿润气候和肥沃湿润、排水良好的微酸性土壤，较耐旱。

种质资源 分布于日本，多栽培。我国有栽培品种。苏州各地公园绿地栽培。

茶 **Camellia sinensis**（Linn.）Kuntze

又名茶树。

形态特征 常绿灌木或小乔木。嫩枝无毛。叶互生，薄革质，侧脉在上面凹下，长圆形或椭圆形，长 4~12 厘米，宽 2~5 厘米，顶端钝或尖，基部楔形，两面幼时有毛，后脱尽，边缘有锯齿。花 1~3 朵腋生，白色，花柄长 4~6 毫米；萼片 5 片；花瓣 5~6；雄蕊基部连合；子房密生白毛；花柱无毛。蒴果球形。花期 10 月至翌年 2 月，果期翌年 10 月。

用途 嫩叶制作茶叶，是重要的饮品原料植物；花芳香，可作蜜源植物。也可在园林中作为观赏植物栽种。

生长习性 深根性。喜光，稍耐阴；喜温暖湿润气候和深厚肥沃、排水良好的酸性土壤，在盐碱土上不能生长。

种质资源 分布于长江以南各省区。苏州吴中区东山和西山是著名的茶叶“碧螺春”的产区，种植有大量的茶树，并且两地各有 1 株古茶树。野生或被认为是逸生茶树零星分布于苏州穹窿山、三山岛、大阳山、上方山和常熟虞山等山地。

单体红山茶 **Camellia uraku** Kitam.

又名美人茶。

形态特征 常绿小乔木。嫩枝无毛。叶互生，革质，椭圆形或长圆形，长6~9厘米，宽3~4厘米，顶端短急尖，基部多为楔形，两面无毛，背面散生木栓疣，边缘有细锯齿。花顶生，无柄；花瓣7，粉红色；雄蕊3~4轮，外轮花丝连成短管；子房有毛。花期12月至翌年4月，果期翌年10月。

用途 庭园观赏树种。

生长习性 抗寒性较强，喜土层深厚的酸性土。

种质资源 系我国的山茶传入日本后选育得到，后再从日本引回，上海、浙江等地栽培供观赏。苏州姑苏区城东中心小学校园内有1株，已列入古树名木名录，沧浪亭也有。

格药柃 **Eurya muricata** Dunn

格药柃雌花

格药柃雄花

形态特征 常绿灌木或小乔木。嫩枝圆柱形，无毛。叶互生，二列状排列，革质，椭圆形，长 6.5~10 厘米，宽 2.5~4 厘米，顶端渐尖，基部楔形，边缘有锯齿。花白或绿白色，1~5 朵叶腋生，雌雄异株；萼片无毛；雄花花瓣倒卵形，雄蕊 15~22；雌花的花瓣卵形，花柱短，3 裂。浆果球形，直径 4~5 毫米。花期 9~11 月，果期翌年 6~8 月。

用途 可作为蜜源植物；茎皮含鞣质，可提制栲胶。

生长习性 喜阴；喜温暖湿润环境及酸性土壤，生长于林中或林缘灌丛中。

种质资源 分布江苏、安徽、浙江、江西、福建、湖南、广东、香港。苏州各处山地均有野生。吴中区邓尉山山腰杉木林下，在 100 平方米样方中记录到 2 株，地径 2~3 厘米。

本种仅见于野生，是耐阴的常绿灌木或小乔木，其花白色、有香气，所以可作为园林绿地中的林下花灌木开发利用。

木荷 **Schima superba** Gardner et Champ.

形态特征 常绿乔木。嫩枝通常无毛，顶芽被白色长毛。叶互生，革质或薄革质，椭圆形，长 7~12 厘米，宽 4~6.5 厘米，顶端尖，有时略钝，基部楔形，无毛，边缘有钝齿。总状花序生于枝顶叶腋；萼片 5；花瓣 5，白色，最外 1 片风帽状；子房有毛。蒴果木质。花期 6~7 月，果期翌年 10~11 月。

用途 木材结构均匀细致，易加工，较耐腐，可作细木工用材。为耐火树种，可栽作防火带树种。

生长习性 深根性，生长速度中等。喜光，但幼树耐阴；喜温暖湿润气候，不耐寒；对土壤的适应性强，能耐干旱瘠薄，在深厚肥沃的酸性沙质土壤上生长最佳。

种质资源 分布于江苏、浙江、福建、台湾、江西、湖南、广东、海南、广西、贵州。苏州吴中区光福官山岭有以本种为建群种的成片森林，是庐山与天目山一线以北唯一天然木荷林，该区域已列为江苏省自然保护区。常熟市虞山林场栽种的木荷引自宜兴，张家港市香山也引种了木荷，但种源不清。

木荷结实多，种子轻而有翅，易于散播，而幼树耐阴，对土壤的适应性强，则使之能在已有的各种植被中成长起来。本种又是高大的乔木，大树喜光，所以与其他树种的竞争中往往处于优势地位，成为森林上层的优势种。苏州本土的其他常绿大乔木，在与木荷的竞争中，往往处于劣势。据观察，官山岭的木荷林正在向外扩展，周围的香樟、马尾松等都有被它取代的趋势，而香山南坡引种的木荷也有把原来的乔木树种取代的趋势。对官山岭的木荷林研究发现，其物种多样性指数特别低，因此建议，除了对稀有的天然形成的官山岭木荷林加以原地保护外，在苏州各类绿地中不要盲目地种植木荷，特别是本市那些发育着次生林的丘陵及周边地区。

厚皮香 **Ternstroemia gymnanthera** (Wight et Arn.) Bedd.

形态特征 常绿灌木或小乔木，全株无毛。叶互生，革质，通常集生枝顶，椭圆形至长圆状倒卵形，长 5.5~9 厘米，宽 2~3.5 厘米，基部楔形，全缘，稀上半部疏生浅齿，侧脉两面均不明显；叶柄通常带红色。花两性或单性；萼片 5；花瓣 5，黄白色；雄蕊 2 轮，花丝连合。果实浆果状，圆球形；种子有红色肉质假种皮。花期 5~7 月，果期 8~10 月。

用途 种子榨油可供工业上用作润滑油，或制肥皂用。树冠整齐，枝叶青秀，可作庭园观赏树种植。

生长习性 喜光，较耐阴；喜温暖湿润气候，不耐寒；适生于酸性土壤。

种质资源 分布于安徽、浙江、江西、福建、湖北、湖南、广东、广西、云南、贵州、四川等省区，越南、老挝、泰国、柬埔寨、尼泊尔、不丹及印度也有。苏州科技大学江枫校区和石湖校区及昆山千灯大树园都有栽培。

49. 藤黄科 Guttiferae

（Clusiaceae，在 APG III 系统中，下列 2 种归属金丝桃科 Hypericaceae）

藤黄科分种检索表

1. 小枝有纵棱线；叶卵状披针形，长 3~6 厘米，叶在小枝上通常大致排列于同一平面上，即近于二列状排列……………………………………………………………金丝梅
1. 小枝无纵棱线；叶长椭圆形，长 4~9 厘米，叶在小枝上通常不在同一平面上…………………………………………………………………………………………金丝桃

金丝桃 Hypericum monogynum Linn.

形态特征 常绿或半常绿灌木。茎红色，幼时有纵棱线，很快为圆柱形。叶对生，长椭圆形，长 2~11.2 厘米，宽 1~4.1 厘米，有小点状腺体，背面粉绿色，顶端通常钝，基部楔形；无柄。花单生或聚伞花序；萼片 5；花瓣 5，鲜黄色，卵状矩圆形；雄蕊多数，连合成 5 束，与花瓣近等长。蒴果卵圆形。花期 5~8 月，果期 8~9 月。

用途 果实及根供药用，果在中药中作连翘代替品。花色艳丽，供观赏。

生长习性 喜光，较耐阴；耐寒性较弱；生于山坡、路旁或灌丛中。

种质资源 分布于河北、陕西、山东、江苏、安徽、浙江、江西、福建、台湾、河南、湖北、湖南、广东、广西、四川及贵州等省区，日本有引种。苏州各地均有栽培。

金丝梅 Hypericum patulum Thunb.

形态特征 常绿或半常绿灌木。茎淡红至橙色，幼时有 4 纵棱线，后变为 2 纵。叶对生，叶卵状披针形，长 3~6 厘米，宽 0.5~3 厘米，有短线形和点状腺体，背面苍白色，顶端钝或尖，基部楔形或圆形；有短柄。花单生或聚伞花序；萼片 5；花瓣 5，金黄色，宽倒卵形；雄蕊多数，连合成 5 束，明显短于花瓣。蒴果卵形。花期 6~7 月，果期 8~10 月。

用途 根供药用，能舒筋活血、催乳、利尿。花美，常栽作庭园观赏植物。

生长习性 喜光，较耐阴；较耐寒；喜湿润土壤，但忌水涝。

种质资源 分布于陕西、江苏、安徽、浙江、江西、福建、台湾、湖北、湖南、广西、四川、贵州等省区；日本、南部非洲有归化，其他各国常有栽培。在苏州较少见，白塘生态植物园和虎丘湿地公园等地有栽培。

50. 柽柳科 Tamaricaceae

柽柳 **Tamarix chinensis** Lour.

形态特征 落叶乔木或灌木。枝细长，悬垂。叶互生，鳞片状，长1~3毫米。每年开花两三次。总状花序；萼片5；花瓣5，粉红色，宿存；花盘5或10裂；雄蕊5。蒴果圆锥形。主要在夏秋开花，果10月成熟。

用途 枝条可用于编织，嫩枝及叶可药用。优良的防风固沙树种，可改良盐碱地，也可种植于水岸边供观赏。

生长习性 深根性，耐修剪；速生。喜光；耐旱，也耐湿，抗风，能在高度盐碱化（含盐量1%）土地上生长。

种质资源 分布于辽宁、河北、河南、山东、江苏北部、安徽北部等省，东部至西南部各省区均有栽培；日本、美国也有栽培。苏州各地有零星种植。常熟市第一人民医院内有1株，胸径为20厘米；常熟市海虞镇府东村有1株，胸径17厘米。

51. 大风子科 Flacourtiaceae

（在 APG III 系统中，下列 1 种归属杨柳科 Salicaceae）

柞木 **Xylosma congesta**（Lour.）Merr.

形态特征 常绿大灌木或小乔木，树皮裂片向上反卷；幼时有枝刺，结果株无刺。叶互生，薄革质，菱状椭圆形至卵状椭圆形，长 4~8 厘米，宽 2.5~3.5 厘米，顶端渐尖，基部楔形或圆形，边缘有锯齿，有时两面近基部中脉有毛；叶柄近无，被短毛。总状花序腋生；花小，雌雄异株；花萼 4~6 片；无花瓣；有花盘；雄蕊多数。浆果黑色。花期 5 月，果期 9 月。

用途 叶与树皮可药用。本种为常绿有刺的大灌木，可栽作绿篱。另外，本种还可作为蜜源植物。

生长习性 较耐阴；喜温暖湿润气候；自然状态下，生长于林边、丘陵和平原或村边附近灌丛中。

种质资源 分布于秦岭以南和长江以南各省区，朝鲜、日本也有分布。苏州天平山、吴中区穹窿山和三山岛、常熟市虞山等地有野生，虎丘湿地公园有栽培。三山岛有较大的个体，胸径达 21 厘米。

52. 瑞香科 Thymelaeaceae

瑞香科分种检索表

1. 叶对生，长椭圆形，长 3~4 厘米…………………………………………………………芫花

1. 叶互生，长椭圆形至披针形，长 6~15 厘米 ……………………………………………结香

芫花 **Daphne genkwa** Siebold et Zucc.

形态特征 落叶灌木。小枝幼时密被淡黄色绢状毛，后无毛。叶对生，稀互生，长椭圆形，长3~4厘米，宽1~2厘米，幼时密被黄色绢状毛，老时仅叶脉基部有毛，顶端尖，基部宽楔形，全缘；叶柄近无。花簇生叶腋或侧生，先叶开放，紫色或淡紫蓝色，外面被毛；花萼筒细，裂片4；无花瓣；雄蕊8；有花盘。浆果白色，包于宿存花萼内。花期3~5月，果期6~7月。

用途 花蕾药用；全株可作农药，煮汁可杀天牛等昆虫；茎皮纤维可用于造纸。

生长习性 喜光，不耐阴；耐寒性较强。

种质资源 分布于河北、山西、陕西、甘肃、山东、江苏、安徽、浙江、江西、福建、台湾、河南、湖北、湖南、四川、贵州等省，日本有栽培。苏州各处山地有野生，生于山坡路边。

本种在苏州仅见于野生，其花蓝紫色、量大，且开花于发叶之前，颇引人注目，可栽作观赏植物。

结香 **Edgeworthia chrysantha** Lindl.

形态特征 落叶灌木。小枝粗壮，常作三叉分枝，叶痕大。叶互生，常集生枝端，长椭圆形至倒披针形，长8~20厘米，宽2.5~5.5厘米，顶端尖，基部渐狭，两面均被银灰色绢状毛，具短柄。头状花序顶生或侧生，先叶开放；花萼筒顶端4裂，黄色，芳香，

外被毛；无花瓣；雄蕊 8；花盘浅杯状。核果卵形，包于宿存花萼内。花期 3~4 月，果期 8 月。

用途 茎皮纤维可用于造纸，全株入药。多栽植于庭园，供观赏。

生长习性 喜半阴环境；喜温暖湿润气候及肥沃而排水良好的沙质土，忌积水，不耐旱。

种质资源 分布于河南、陕西及长江流域以南诸省区；日本引种，已归化。苏州各地常见栽培。

53. 胡颓子科 Elaeagnaceae

胡颓子科分种检索表

1. 常绿性，叶革质……………………………………………………………………胡颓子

1. 落叶性，叶纸质………………………………………………………………………2

2. 春秋两季发叶，同一枝上的叶大小不一；秋季开花，翌春果熟………佘山胡颓子

2. 一季发叶，叶大小近相等；春季开花，秋季果熟…………………………牛奶子

佘山胡颓子 **Elaeagnus argyi** H. Lév.

形态特征 落叶灌木，通常具刺。幼枝密被淡黄白色鳞片。叶发于春秋两季，薄纸质，两端钝，表面幼时密生星状毛，后脱落，背面银白色，密被星状鳞片和散生的棕色鳞片，全缘；春发叶小，长1~4厘米，宽0.8~2厘米，长椭圆形或长圆状倒卵形；秋发叶大，长6~10厘米，宽3~5厘米，倒卵形至阔椭圆形。花淡黄色或泥黄色，下垂，常数朵簇生；萼筒圆筒形，裂片4；无花瓣；雄蕊4。果实长椭圆形，被银白色鳞片，熟时红色。花期10月，果翌年4月成熟。

用途 果实可食用。可栽作庭园观赏植物。

生长习性 喜光，较耐阴；耐瘠薄；生于林下、山坡路边及农舍旁。

种质资源 分布于浙江、江苏、安徽、江西、湖北、湖南等省区。苏州吴中区三山岛和常熟虞山等地有野生，其中虞山铁佛寺有1株，2分枝，1枝胸径15厘米，另1枝胸径7厘米。吴江区松陵镇有本种古树1株。

胡颓子 **Elaeagnus pungens** Thunb.

形态特征 常绿灌木，具刺。小枝褐色，被鳞片。叶互生，革质，椭圆形至长圆形，长4~10厘米，宽2~5厘米，顶端短尖或钝，基部圆形，边缘微波状，上面灰绿色，初有鳞片，后脱落，背面银白色，被褐色鳞片。花银白色，下垂，芳香，被鳞片，1~4朵

簇生叶腋；萼筒较裂片长，裂片 4；无花瓣；雄蕊 4。果实椭圆形，有褐色鳞片，熟时红色。花期 10~11 月，果熟于翌年 5 月。

用途 果可食用及酿酒；果、根及叶均可入药，有收敛、止泻、镇咳、解毒等功效。可植于庭院观赏，能改良土壤。

生长习性 喜光，耐半阴；喜温暖气候，不耐寒。对土壤适应性强，耐干旱，不耐水湿。

种质资源 分布于长江以南各省区，日本也有。苏州各处山地有野生。在常熟虞山龙殿山庄 100 平方米样方中记录到 4 株，平均地径 1 厘米。

牛奶子 **Elaeagnus umbellata** Thunb.

形态特征 落叶直立灌木，具刺；幼枝密被银白色和少数黄褐色鳞片。叶纸质，椭圆形至卵状椭圆形或倒卵状披针形，长 3~8 厘米，宽 1~3 厘米，边缘全缘或波状，上面幼时具银白色毛与鳞片，后脱落，背面密被银白色杂有褐色鳞片；叶柄白色。花先叶开放，黄白色，芳香，密被银白色鳞片，1~7 朵簇生新枝基部；萼筒圆筒状漏斗形；雄蕊 4。果实近球形，被鳞片，成熟时红色。花期 4~5 月，果期 7~8 月。

用途 果实可生食，制果酒、果酱等，叶作土农药可杀棉蚜虫；果实、根和叶亦可入药。可栽作绿篱或风景林的下木。

生长习性 喜光，略耐阴；为亚热带和温带地区植物，生长于向阳的林缘、灌丛中、荒坡上和沟边。

种质资源 分布于华北、华东、西南各省区和陕西、甘肃、青海、宁夏、辽宁、湖北，日本、朝鲜、中南半岛、印度、尼泊尔、不丹、阿富汗、意大利等也有。常熟虞山龙殿山庄山脚有1株，地径3厘米。

54. 千屈菜科 Lythraceae

千屈菜科分种检索表

1. 小枝顶端常硬化成刺，树皮纵裂，树干不光滑……………………………………石榴
1. 小枝顶端不硬化成刺，树干光滑……………………………………………………2
2. 小枝无毛…………………………………………………………………………紫薇
2. 小枝有毛………………………………………………………………………南紫薇

石榴 **Punica granatum** Linn.

形态特征　落叶灌木或乔木。枝顶常呈尖锐长刺状，幼枝具棱角，无毛，老枝近圆柱形。叶通常对生，卵状长椭圆形，长 2~9 厘米，无毛；叶柄短。花大，1~5 朵生枝顶；萼筒长 2~3 厘米，通常红色或淡黄色，厚肉质；花瓣红色、黄色或白色，顶端圆形；雄蕊多数。浆果近球形；种子多数，有肉质外种皮。花期 5~7 月，果期 9~10 月。

用途　果实可生食，食用部分为肉质外种皮，酸甜可口；果皮入药，称石榴皮，根皮可驱绦虫和蛔虫。树姿优美，花色艳丽，是春末至夏季优良的观赏植物。

生长习性　喜光；喜温暖气候，较耐寒；较耐旱，但以肥沃湿润而排水良好的石灰质土壤为佳。

种质资源　原产巴尔干半岛至伊朗及其邻近地区，现全球温带和热带地区都有种植。汉代张骞出使西域时引入我国，在我国已有 2000 余年的栽培历史。苏州各地栽培，属于古树者 7 株，姑苏区 3 株，吴中区木渎镇 2 株，吴江区震泽镇 1 株，常熟市市区1株。此外，大树个体共5株，吴中区东山和木渎各2株，太仓市人民公园1株。最粗者在吴中区东山雕花楼花园内，胸径35厘米，生长良好。

紫薇 **Lagerstroemia indica** Linn.

形态特征　落叶灌木或小乔木，树干光滑。小枝具4棱。叶对生或近对生，椭圆形至倒卵形，长3~7厘米，宽1.5~4厘米，顶端尖或钝，基部阔楔形，无毛或背脉微有柔毛，全缘。圆锥花序，顶生；花淡红色，花萼筒微有棱或无棱，裂片6；花瓣6，皱，具长爪；雄蕊多数。蒴果近球形，种子有翅。花期6~9月，果期9~12月。

用途　木材坚硬、耐腐，可作农具、家具、建筑等用材；树皮、叶、花和根可入药。花大而艳，花期长，是夏季重要的观花植物。

生长习性　生长速度慢。喜光，稍耐阴；喜生于肥沃湿润的土壤上，也能耐旱，在钙质土和酸性土上都能生长。

种质资源　分布于华东、华中、华南和西南，亚洲南部和大洋洲北部均有分布。苏州各地常见栽培，其中花白色的称银薇（*Lagerstroemia indica* 'Alba'）、蓝紫色的称翠薇（*L. indica* 'Rubra'）；灌木型品种，矮生紫薇（*L. indica* 'Little Chief'），在苏州工业园区东沙湖公园有栽培。全市有紫薇古树14株，吴中区4株，昆山市 3 株，姑苏区 3 株，太仓市 2 株，吴江区 1 株，相城区 1 株。最粗者在相城区花卉植物园，胸径 120 厘米，树高 3.5 米，生长状况一般。另有 2 株较大的紫薇，均在吴中区，其中光福镇香雪海的 1 株，胸径 28 厘米；穹窿山的 1 株有 13 个分枝，2 株均生长良好。全市还有银薇古树 2 株，均分布于姑苏区的园林中。

南紫薇 **Lagerstroemia subcostata** Koehne

形态特征 落叶乔木或灌木，树干较光滑。嫩枝近圆柱形或有不明显的四棱，被毛。叶膜质，矩圆形或矩圆状披针形，稀卵形，长 2~9 厘米，宽 1~4.5 厘米，顶端渐尖，基部阔楔形，两面通常无毛；叶柄长 2~4 毫米。花小，白色或玫瑰色，组成顶生圆锥花序，具灰褐色毛，花萼有棱 10~12 条，5 裂；花瓣 6，皱，有爪；雄蕊多数，着生于萼片或花瓣上。蒴果椭圆形，种子有翅。花期 6~8 月，果期 7~10 月。

用途 木材可作家具、细木工及建筑等，花供药用。美丽的庭园观赏植物。

生长习性 喜光；喜湿润肥沃的土壤，常生于林缘、溪边。

种质资源 分布于台湾、广东、广西、湖南、湖北、江西、福建、浙江、江苏、安徽、四川及青海等省区，日本琉球群岛也有。本种在苏州少见，姑苏区有 1 株属于古树。

55. 蓝果树科 Nyssaceae

（在 APG III 系统中，属于山茱萸科 Cornaceae）

喜树 **Camptotheca acuminata** Decne.

形态特征 落叶乔木，树干挺直，树皮灰色，纵裂。当年生小枝紫绿色，微被毛。叶互生，纸质，矩圆状卵形或矩圆状椭圆形，长 12~28 厘米，宽 6~12 厘米，全缘，侧脉弧形，在上面显著凹下。头状花序，雌花在上端；花杂性；花萼杯状，5 浅裂；花瓣 5，淡绿色；有花盘；雄蕊 10。翅果矩圆形。花期 5~7 月，果期 9 月。

用途 果实、根、叶、皮含喜树碱，可供药用，有杀虫、治癌症和白血病之效。可栽作防护林、风景林等。

生长习性 速生。喜光，稍耐阴；喜温暖湿润气候，不耐寒；喜深厚肥沃湿润的土壤，较耐水湿，不耐干旱瘠薄；在酸性至弱碱性土上均能生长。

种质资源 分布于江苏南部、浙江、福建、江西、湖北、湖南、四川、贵州、广东、广西、云南等省区。苏州各地有栽培，太仓市人民公园有 2 株，胸径分别为 48 厘米和 45 厘米，生长良好。

56. 八角枫科 Alangiaceae

（在 APG III 系统中，属于山茱萸科 Cornaceae）

八角枫 **Alangium chinense**（Lour.）Harms

形态特征 落叶乔木或灌木。小枝略呈“之”字形，有时疏被柔毛。叶互生，近圆形或卵形，基部不对称，长 13~19 厘米，宽 9~15 厘米，全缘或 3~7 裂，背面脉腋有毛，掌状脉。聚伞花序腋生，被稀疏毛；花瓣 6~8，基部黏合，上部开花后反卷，初为白色，后变黄色；有花盘。核果卵圆形。花期 6~8 月，果期 8~9 月。

用途 根和茎供药用。

生长习性 喜光，稍耐阴；对土壤的要求不严，在深厚、肥沃、湿润的土壤上生长最佳。

种质资源 分布于河南、陕西、甘肃和长江流域及以南各省区，东南亚及非洲东部各国也有。苏州各处山地均有野生，在吴中区穹窿山较多见，生于林缘路旁。

本种在苏州仅见野生，其叶秋季橙黄，花芳香，且适应性强，可作庭园观赏树种。

57. 桃金娘科 Myrtaceae

黄金香柳 **Melaleuca bracteata** F. Muell.

又名千层金。

形态特征 常绿灌木或小乔木，高可达 6~8 米，树冠锥形。主干直立，枝条密集、细长柔软，嫩枝红色。叶互生，线形，淡绿色、黄绿色或金黄色，有香气。头状或短穗状花序，顶生；花乳白色；萼片 5；花瓣 5；雄蕊多数；有花盘。蒴果。花期春季。

用途 枝叶可提取香精，是高级化妆品原料。优良彩叶树种，栽作作庭园观赏植物。

生长习性 喜光；喜温暖气候，稍耐寒；耐盐碱、水湿。

种质资源 原产热带及中部澳洲地区，我国南部地区引种。苏州少见栽培，但冬季易受冻害。

58. 五加科 Araliaceae

五加科分种检索表

1.单叶……………………………………………………………………………………………2

1. 二至三回羽状复叶………………………………………………………………………楤木

2.藤本……………………………………………………………………………………………3

2. 直立乔灌木 ……………………………………………………………………………………4

3. 幼枝具鳞片状短柔毛；营养枝的叶全缘或 3 裂，花枝的叶椭圆状披针形或卵状长椭圆形……………………………………………………………………中华常春藤

3. 幼枝星状短柔毛；营养枝的叶 3~5 裂，花枝之叶卵形或菱形………………常春藤

4. 常绿性，灌木或小乔木，无皮刺……………………………………………………………5

4. 落叶性，乔木，树干有皮刺…………………………………………………………刺楸

5. 叶多为 5 裂，裂片全缘……………………………………………………………熊掌木

5. 叶多为 7~9 裂，裂片有锯齿……………………………………………………八角金盘

楤木 **Aralia chinensis** Linn.

形态特征 落叶灌木或乔木，具刺。小枝被黄棕色绒毛。二回至三回奇数羽状复叶，叶柄基部膨大；羽片有小叶 5~11 对；小叶片长卵形，两面被毛，边缘有锯齿。大型圆锥花序，由小伞形花序组成，密生淡黄棕色或灰色短柔毛；花白色，各部均为 5，子房下位，有花盘。浆果球形，黑色，有 5 棱。花期 7~9 月，果期 9~12 月。

用途 根皮入药，有活血散瘀、健胃、利尿的功效。芽叶可作蔬菜食用。

生长习性 喜光，性强健，生于森林、灌丛或林缘路边。

种质资源 分布于华北、华东、华中、华南和西南各省区。苏州吴中区穹窿山、漫山岛和邓尉山等地有野生。在邓尉山山顶的 100 平方米样方中记录到 5 株，地径 1~5 厘米。

八角金盘 **Fatsia japonica**（Thunb.）Decne. et Planch.

形态特征 常绿灌木或小乔木。嫩枝与叶被褐色毛。单叶互生，近圆形，直径 12~30 厘米，掌状 7~11 深裂，边缘有锯齿；叶柄长，基部膨大；无托叶。圆锥花序，由小伞形花序组成；花白色，子房下位，花盘明显。果实球形。花期 11~12 月，果期翌年 5 月。

用途 优良的庭园绿化、观叶植物。

生长习性 耐阴；喜温暖湿润气候，耐寒性不强；要求土壤排水良好，但不耐

干旱。

种质资源 原产日本，我国长江以南地区引种栽培于庭园，北方地区常盆栽观赏。苏州各地均有栽培。

常春藤 **Hedera helix** Linn.

又名洋常春藤。

形态特征 常绿攀缘灌木，有气生根。一年生枝被星状柔毛。叶互生，革质；营养枝上的叶3~5浅裂，长5~10厘米，花枝上的叶不裂，为卵状菱形；叶柄细长；无托叶。伞形花序通常组成圆锥花序；花绿白色，各部均为5，子房下位。浆果球形，熟时黑色。花期夏末，果期冬季。

用途 用于垂直绿化，可攀缘山石、建筑物之阴面或盆栽观赏。

生长习性 极耐阴；较耐寒；对土壤和水分的要求不严，但以酸性至中性土壤为佳。

种质资源 原产欧洲及高加索地区，我国各地栽培。苏州各地栽培，用于攀爬墙垣或作公园林下地被，也有盆栽观赏。

中华常春藤 **Hedera nepalensis** var. **sinensis** (Tobler) Rehder

又名常春藤。

形态特征　常绿攀缘灌木，有气生根。一年生枝疏生锈色鳞片。叶互生，革质，背面疏生鳞片或无；营养枝上的叶为三角状卵形，长5~12厘米，宽3~10厘米，全缘或3裂，花枝上的叶为椭圆状披针形或卵状长椭圆形；叶柄细长；无托叶。伞形花序通常组成圆锥花序；花白色，各部均为5，子房下位。浆果球形，红色或黄色。花期9~11月，果期翌年3~5月。

用途　全株供药用，有毒。用于垂直绿化，可攀缘山石、建筑物之阴面。

生长习性　极耐阴；较耐寒；对土壤和水分的要求不严，但以酸性至中性土壤为佳。

种质资源　分布于甘肃、陕西及华东、华中、华南和西南各省区，越南也有分布。苏州吴中区穹窿山茅蓬坞、高新区大阳山和常熟市虞山等地有野生。大阳山文殊殿附近山路旁有1丛5分枝，最大地径5厘米，最小地径2厘米，平均地径3厘米。

刺楸 **Kalopanax septemlobus** (Thunb.) Koidz.

形态特征　落叶乔木，枝干上有粗硬皮刺。单叶互生，叶片掌状5~7裂，裂片三角状卵形，直径9~25厘米，边缘有细锯齿，无毛或背面基部脉腋有簇生的毛；叶柄较长。圆锥花序，由小伞形花序组成；花白色，各部均为5，子房下位，花盘明显。果球形，熟时蓝黑色。花期7~8月，果期10~11月。

用途　种子含油，可用于制肥皂；根皮及枝入药。叶大干直，树形颇壮观，可用于绿化与观赏。

生长习性　喜光，对气候适应性强，喜深厚湿润的酸性至中性土。

种质资源　分布于东北、华北、华东、华中、华南、西南，朝鲜、俄罗斯（西伯利亚）和日本也有。苏州少见，已知天平山与常熟虞山有野生，在虞山徐佳宕记录到本种 5 株小苗。

熊掌木 ×**Fatshedera lizei**（Cochet）Guillaumin

形态特征　常绿灌木，高可达 1 米。嫩枝与叶密被棕色毛。单叶互生，近圆形，直径 12~16 厘米，掌状 5 深裂，全缘，幼时密被毛，后脱落；叶柄长，基部膨大；无托叶。圆锥花序，由小伞形花序组成；花白色，子房下位，花盘明显。花期秋季。

用途　用于城乡绿化，常栽作林下或建筑物背阴处的地被。

生长习性　喜半阴环境；喜温暖和夏季较凉爽的环境，忌高温。

种质资源　本种由法国人于 1912 年用八角金盘（*Fatsia japomica*）与常春藤（*Hedera helix*）杂交而成。苏州各地栽培，在西环路高架下栽作地被，生长良好。

59. 桃叶珊瑚科 Aucubaceae

（在 APG III 系统中，属于丝缨花科 Garryaceae）

青木 **Aucuba japonica** Thunb.

形态特征　常绿灌木。叶对生，革质，长椭圆形至椭圆状披针形，长 8~20 厘米，宽 5~12 厘米，顶端渐尖，基部阔楔形，边缘有锯齿。圆锥花序顶生，单性异株；花萼 4 裂；花瓣 5，紫色。果卵圆形，暗紫色或黑色，长 2 厘米，直径 5~7 毫米，具种子 1 枚。浆果状核，果鲜红色。花期 3~4 月，果期翌年 4 月。

用途　城市绿化树种，适于较荫蔽的环境下种植。

生长习性　喜半阴环境；喜温暖湿润气候，耐寒性不强。

种质资源　分布于浙江南部及台湾，日本南部、朝鲜也有。苏州各地栽培的主要是本种的一个品种——洒金桃叶珊瑚（又名花叶青木，*Aucuba japonica* ‘Variegata’），其叶片有大小不等的黄色或淡黄色斑点。

60. 山茱萸科 Cornaceae

山茱萸科分种检索表

1. 叶互生，下面有白粉……………………………………………………………灯台树
1. 叶 对 生 ………………………………………………………………………………2
2. 叶柄长 1 厘米以下，叶下面脉腋有簇生毛，无白粉……………………………山茱萸
2. 叶柄长 1~4 厘米，叶下面脉腋无簇生毛…………………………………………3
3. 叶下面淡绿色，侧脉 3~5；树皮平滑、斑驳…………………………………光皮树
3. 叶下面带白色或粉绿色，侧脉 5~8 对；树皮不光滑，小枝常红色…………红瑞木

红瑞木 **Cornus alba** Linn.

形态特征 落叶灌木，树皮紫红色。叶对生，椭圆形，长 5~8.5 厘米，宽 1.8~5.5 厘米，顶端突尖，基部宽楔形，全缘或波状，两面均疏生贴生柔毛，背面粉绿色，侧脉弧形。伞房状聚伞花序顶生，被白色短柔毛；花小，白色或淡黄白色，4 数，有花盘；子房下位。核果长球形，熟时白色或稍带蓝。花期 6~7 月，果期 8~10 月。

用途 种子含油量约为 30%，可供工业用。枝条红色，秋叶也红，均美丽可观，常栽作庭园观赏植物。

生长习性 喜光，耐寒，喜稍湿润的土壤。

种质资源 分布于黑龙江、吉林、辽宁、内蒙古、河北、陕西、甘肃、青海、山东、江苏、江西等省区，朝鲜、俄罗斯及欧洲其他地区也有。苏州各地常见栽培。

灯台树 **Cornus controversum** Hemsl.

形态特征 落叶乔木，树皮光滑，有纵裂。枝紫红色。叶互生，卵形椭圆形，长 6~13 厘米，宽 3.5~9 厘米，顶端突尖，基部圆形，全缘，背面灰绿色，密被贴生柔毛，侧脉弧形。伞房状聚伞花序，顶生，疏生贴生柔毛；花小，白色，4 数，有花盘，子房下位。核果球形，熟时紫红色至蓝黑色。花期 5~6 月，果期 7~8 月。

用途 种子可以榨油。树形整齐，树冠圆锥状，可栽作庭荫树及行道树。

生长习性 喜光，稍耐阴；喜温暖湿润气候，较耐寒；在肥沃深厚湿润而排水良好的土壤上生长最佳。

种质资源 分布于辽宁、河北、陕西、甘肃、山东、安徽、台湾、河南、广东、广西以及长江以南各省区，朝鲜、日本、印度北部、尼泊尔、锡金、不丹也有。苏州吴江苗圃分别从江西与河南新乡引种了本种。

山茱萸 **Cornus officinalis** Siebold et Zucc.

形态特征 落叶乔木或灌木。叶对生，卵状披针形或卵状椭圆形，长 5.5~10 厘米，宽 2.5~4.5 厘米，顶端渐尖，基部宽楔形，全缘，背面浅绿色，稀被贴生短毛，侧脉弧形。伞形花序生于枝侧；花小，先叶开放，黄色，4 数，有花盘。核果椭圆形，熟时红色。花期 3~4 月，果期 9~10 月。

用途 果实称“萸肉”，供药用，有健胃补肾、治腰痛等功效。花果俱美，宜于自然风景区中成丛种植。

生长习性 喜光，稍耐阴；喜温暖气候，较耐寒；在较湿润而排水良好的土壤上生长良好，但也较耐湿。

种质资源 分布于山西、陕西、甘肃、山东、江苏、浙江、安徽、江西、河南、湖南等省，朝鲜、日本也有分布。苏州吴中区七子山有分布。

光皮树 **Cornus wilsoniana** Wangerin

又名光皮梾木。

形态特征 落叶乔木，树皮青灰色，块状剥落。叶对生，椭圆形或卵状椭圆形，长 6~12 厘米，宽 2~5.5 厘米，顶端渐尖或突尖，基部楔形，边缘波状，微反卷，两面被贴生短毛，背面有乳头状突起，侧脉弧形。圆锥状聚伞花序顶生，被毛；花小，白色，4 数，有花盘，子房下位。核果球形，熟时黑色。花期 5 月，果期 10~11 月。

用途 木材材质坚硬，纹理致密美观，可作家具用材；果肉和种仁均富含油脂，其油的脂肪酸组成以亚油酸及油酸为主，食用价值较高。树形美观，可栽作庭荫树、行道树等。

生长习性 深根性，萌芽力强。较喜光；耐寒，亦耐热；为喜钙树种，在湿润肥沃而排水良好的壤土上生长最佳。

种质资源 分布于陕西、甘肃、浙江、江西、福建、河南、湖北、湖南、广东、广西、四川、贵州等省区。苏州白塘生态植物园有栽培。

61. 杜鹃花科 Ericaceae

杜鹃花科分种检索表

1. 叶纸质，上面被毛，全缘或有细齿……………………………………………………………2
1. 叶薄革质，两面无毛，有细锯齿…………………………………………………………南烛
2. 小枝，叶有平伏糙毛；常绿或落叶…………………………………………………………3
2. 小枝，叶有柔毛或开展的粗毛，无平伏糙毛；落叶性……………………………………4
3. 落叶性；小枝，叶仅有平伏糙毛，无腺毛，芽鳞无黏液……………………………映山红
3. 常绿性或半常绿；小枝和叶混有糙毛、腺毛两种毛，芽鳞有黏液……………………毛鹃
4. 叶长椭圆形或椭圆状倒披针形，边缘具睫毛…………………………………………羊踯躅
4. 叶宽卵形或卵状菱形，边缘无睫毛………………………………………………………满山红

毛鹃

Rhododendron mucronatum (Blume) G. Don × **R. pulchrum** Sweet

形态特征 常绿或半常绿灌木；小枝和叶两面被有糙毛、腺毛，芽鳞有黏液。叶互生，厚纸质，披针形至长圆状披针形，长2~6厘米，宽1~2厘米，顶端钝尖，基部楔形，全缘。伞形花序顶生，具花1~5朵，被糙毛、腺毛；花萼5裂；花冠淡红、紫红、白色，5深裂，直径达8厘米；雄蕊通常10，子房上位。蒴果。花期4~5月，果期6~7月。

用途 栽于庭园观赏。

生长习性 耐阴；喜凉爽、湿润气候，忌酷热干燥；宜生长于腐殖质丰富、肥沃、排水良好的酸性土壤。

种质资源 江苏、浙江、江西、福建、广东、广西、四川和云南等地栽培。苏州各地均有栽培。毛鹃是白花杜鹃（*Rhododendron mucronatum*）和锦绣杜鹃（*R. pulchrum*）等杂交形成的园艺品种，春季开花，花色多样，花较大，直径可达8厘米，所以又称春鹃大花型，在苏州栽培最多，往往成片种植。另外，偶见于苏州一些公园或住宅小区，叶较小的有东鹃和夏鹃。东鹃是以石岩杜鹃（*R. obtusum*）为主要亲本的杂种杜鹃，叶小，叶面毛较少，有光亮，花较小，雄蕊5，花期为春季，所以又称春鹃小花型、小叶小花种。夏鹃是以皋月杜鹃（*R. indicum*）为主要亲本的杂交种，其叶狭披针形，边缘有锯齿和纤毛，花较小，雄蕊5，花期5~6月。

满山红 **Rhododendron mariesii** Hemsl. et E. H. Wilson

形态特征 落叶灌木；小枝，叶幼时有毛，后近于无毛。叶互生，2~3 片丛生枝顶，卵形至宽卵形，长 3~7 厘米，宽 2~4 厘米，顶端急尖，基部钝圆，全缘或中部以上有不明显的钝齿。花紫色，1~3 朵簇生枝端，先叶开放；萼片 5 裂，有毛；花冠 5 裂；雄蕊 10；子房上位，密生长柔毛。蒴果有长柔毛。花期 4 月，果期 8 月。

用途 可栽作庭园观赏植物。

生长习性 喜光，稍耐阴；喜凉爽、湿润气候，忌酷热干燥；宜生长于腐殖质丰富、肥沃、排水良好的酸性土壤。

种质资源 分布长江下游各省，南达福建、台湾。苏州吴中区穹窿山、高新区花山和大阳山等地有野生。大阳山凤凰寺西北处，在 100 平方米中记录到 4 株，地径最大 3 厘米、最小 1 厘米，平均地径 2 厘米。

羊踯躅 **Rhododendron molle**（Blume）G. Don

又名闹羊花。

形态特征 落叶灌木。幼枝密被柔毛与刚毛。叶互生，长圆形至长圆状披针形，长5~10厘米，宽2~4厘米，顶端钝，具短尖头，基部楔形，边缘具睫毛，两面均有柔毛和刚毛。花10余朵呈顶生伞形总状花序，几与叶同放，被毛；花萼5裂；花冠阔漏斗形，金黄色，5裂；雄蕊5；子房上位，密被毛。蒴果被毛。花期4~5月，果期9~10月。

用途 全株有剧毒，人畜食之可致死亡。因羊食之往往踯躅而死，故称之羊踯躅或闹羊花。花果可入药作麻醉剂，全株可作农药。

生长习性 喜光，稍耐阴；喜凉爽、湿润气候；宜生长于腐殖质丰富、肥沃、排水良好的酸性土壤。

种质资源 分布于江苏、安徽、浙江、江西、福建、河南、湖北、湖南、广东、广西、四川、贵州和云南等省区。苏州吴中区穹窿山和光福、常熟市虞山等丘陵山地有野生，但很稀有。虞山三峰路有3株，每株各有4~6分枝，各分枝平均地径1厘米。

本种的黄色花朵大而艳，可种植于园林绿地观赏，由于其全株有毒，所以应将它种植于小孩不易触及处。

映山红 **Rhododendron simsii** Planch.

又名杜鹃花、杜鹃。

形态特征 落叶灌木。小枝密被平伏糙毛。叶互生，常集生枝端，卵状椭圆形，长2~6厘米，宽1~3厘米，顶端短渐尖，基部楔形，具细齿，两面均被糙伏毛。花2~6朵簇生枝顶，被糙伏毛；花萼5深裂；花冠阔漏斗形，鲜红色或深红色，裂片5；雄蕊

10；子房上位，被糙伏毛。蒴果密被糙伏毛。花期 4~5 月，果期 6~8 月。

用途 花鲜红色，富有观赏性，栽作庭园观赏植物，是杜鹃花类育种中的重要种质。

生长习性 喜光；较耐热，不耐寒；宜生长于腐殖质丰富、肥沃、排水良好的酸性土壤。

种质资源 分布于江苏、安徽、浙江、江西、福建、台湾、湖北、湖南、广东、广西、四川、贵州和云南。苏州吴中区穹窿山、高新区大阳山等有野生，较少见，不如满山红常见。大阳山文殊寺西南围栏边，在 100 平方米内记录到 2 株，地径 1 厘米。

南烛 **Vaccinium bracteatum** Thunb.

又名乌饭树。

形态特征 常绿灌木或小乔木。当年生枝有短柔毛。叶互生，薄革质，卵形到长椭圆形，长2.5~6厘米，宽1~2.5厘米，顶端短尖，稀长渐尖，基部楔形，边缘有细锯齿，两面无毛。总状花序，被毛；萼筒钟状，5浅裂；花冠白色，筒状，口部裂片5，短小，外折；有花盘。浆果紫黑色。花期6~7月，果期8~10月。

用途 果实成熟后酸甜可食；江南民间常取其嫩叶捣汁浸米作乌饭食用；果实入药，名“南烛子”。

生长习性 喜光，耐半阴；喜温暖湿润气候；宜生长于湿润而排水良好的酸性土壤。

种质资源 分布于台湾、华东、华中、华南至西南，朝鲜、日本南部、中南半岛诸国、马来半岛、印度尼西亚也有。苏州各处山地有野生，常熟虞山舜过井路有1株分为3枝，各枝胸径5厘米。

62. 紫金牛科 Myrsinaceae

（在 APG III 系统中，下列种属于报春花科 Primulaceae）

紫金牛 **Ardisia japonica**（Thunb.）Blume

又名老勿大、平地木。

形态特征 常绿小灌木，高 10~30 厘米。枝与花序被褐色柔毛。叶对生或近轮生，椭圆形，长 3~7 厘米，宽 2~3 厘米，顶端急尖，基部楔形，边缘具细锯齿，具腺点，背面中脉有时被柔毛。短总状花序近伞形，有花 2~6 朵；花萼基部连合，萼片 5；花瓣 5，粉红色或白色，具腺点；雄蕊 5；子房上位。核果球形，红色。花期 5~6 月，果期 7~10 月。

用途 全株及根供药用。其果实鲜红可爱且经久不落，极富观赏性，可栽作林下地被或盆栽观赏。

生长习性 喜阴，喜温暖湿润气候，在自然界见于林下阴湿处。

种质资源 分布于陕西及长江流域以南各省区，朝鲜、日本均有。苏州吴中区三山岛、穹窿山等山地有野生。

63. 柿树科 Ebenaceae

柿树科分种检索表

1. 枝具刺……………………………………………………………………………………2
1. 枝无刺……………………………………………………………………………………4
2. 常绿或半常绿，叶薄革质，长圆状披针形………………………………………乌柿
2. 落叶，叶纸质……………………………………………………………………………3
3. 叶卵状菱形或倒卵形，小枝无毛或仅幼时有毛…………………………………老鸦柿
3. 叶椭圆形或矩圆形，小枝有柔毛…………………………………………………瓶兰花
4. 树皮薄片状剥落，平滑；叶两面密被毛……………………………………………油柿
4. 树皮纵裂，呈小方块；叶上面无毛或近无毛…………………………………………5
5. 1年生小枝及叶柄毛较少，叶背面沿叶脉有毛…………………………………………柿
5. 1年生小枝及叶柄密被毛，叶背面密被毛……………………………………………野柿

瓶兰花 **Diospyros armata** Hemsl.

又名玉瓶兰、瓶兰。

形态特征 半常绿或落叶乔木，树冠近球形。嫩枝有绒毛，枝有刺。叶互生，椭圆形或倒卵形至长圆形，长 1.5~6 厘米，宽 1.5~3 厘米，顶端钝，基部楔形，有透明小斑点，上面暗绿色，下面微被柔毛。雌花常单生，雄花集成小伞房花序；花冠瓮形，乳白色，芳香。果球形，黄色，有毛；宿存萼裂片 4。花期 5 月，果期 10 月。

用途 花美观，且有香味，果实亦美观，常栽作庭园观赏植物，或为制作盆景材料。

生长习性 较耐阴，可生于疏林下或林缘。

种质资源 分布于湖北西部与四川东部。苏州有少量栽培，常熟市有 1 株属于古树。

乌柿 **Diospyros cathayensis** Steward

形态特征 常绿或半常绿小乔木，树冠开展。嫩枝有毛，枝有刺。叶互生，薄革质，长圆状披针形，长 4~9 厘米，宽 1.8~3.6 厘米，两端钝，上面光亮，深绿色，下面淡绿色，嫩时有毛。雌花常单生；雄花常组成聚伞花序；花冠瓮形，两面有柔毛，白色，芳香。果球形，熟时黄色；宿存萼 4 深裂，裂片宽卵形。花期 4~5 月，果期 8~10 月。

用途 根和果入药。花果均美观，可栽作庭园观赏植物。

生长习性 较耐阴，生长于河谷、山地疏林或山谷林中。

种质资源 分布于四川、湖北、云南、贵州、湖南、安徽。昆山市亭林公园顾炎武纪念馆南侧有乌柿 2 株，1 株地径 55 厘米，分为 11 枝（基径 4~16 厘米），另 1 株地径 45 厘米，分 4 枝（基径 8~13 厘米），均生长良好；吴江区震泽镇师俭堂也有 1 株，地径 8 厘米，生长良好。

柿 **Diospyros kaki** Thunb.

又名柿树。

形态特征 落叶乔木；树皮暗灰色，裂成小方块状。嫩枝通常有毛，后无毛，无刺。叶互生，卵状椭圆形至倒卵形或近圆形，长 5~18 厘米，宽 3~9 厘米，顶端渐尖或钝，基部楔形或近圆形，新叶有毛，老叶仅背面沿叶脉有毛。花雌雄异株，少有同株；雄聚伞花序，有花 3 朵；雌花单生叶腋；花冠钟状，黄白色，有毛，4 裂。浆果球形或扁球形，橙红色；宿存萼 4 裂。花期 5~6 月，果期 9~10 月。

用途 果实成熟后可生食，也可加工制成柿饼食用；可提取柿漆，用作涂渔网、雨具，填补船缝和建筑材料的防腐剂等。可栽作庭园观赏树种。

生长习性 深根性。喜光；喜温暖气候，较耐寒；在土层深厚、肥沃、湿润、排水良好的中性土壤上生长最佳，较耐干旱瘠薄，不耐盐碱。

种质资源 原产我国长江流域，现在全国大部分地区有栽培。苏州各处多有栽培，姑苏区有本种古树 2 株。

野柿 **Diospyros kaki** var. **silvestris** Makino

形态特征 与原变种柿的区别在于，本变种的小枝及叶柄常密被黄褐色柔毛，叶较小，叶片背面密被毛，花较小，果亦较小，直径2~5厘米。

用途 未成熟柿子用于提取柿漆，果熟后也可食用，常作栽培柿树的砧木。

生长习性 深根性。喜光；喜温暖气候；在土层深厚、肥沃、湿润、排水良好的中性土壤上生长最佳，较耐干旱瘠薄，不耐盐碱土。

种质资源 分布于我国中部、云南、广东和广西北部、江西、福建等省区的山区。苏州天平山、吴中区穹窿山和常熟市虞山等地有野生。其中，虞山较多见，在桃源涧，100平方米样方内记录到3株，平均胸径7厘米。此外，常熟市尚湖镇有1株本种古树。

油柿 **Diospyros oleifera** Cheng

形态特征 落叶乔木；树皮暗灰色或灰褐色，薄片状剥落，露出白色内皮，或平滑不开裂。嫩枝密被柔毛。叶互生，纸质，长圆形至长圆状倒卵形，长7~17厘米，宽3.5~10厘米，顶端短渐尖，基部圆形或宽楔形，两面密被毛。花雌雄异株或杂性，雄聚伞花序，有花3~5朵，有时顶端一朵为雌花；花冠壶形，4裂，有毛。果卵圆形或扁球形，熟时暗黄色，有黏液渗出，被易脱落的毛；宿存花萼4深裂。花期4~5月，果期8~10月。

用途 未熟果实可用于提取柿漆，果熟后也可食用，常作柿树的砧木。可栽作庭荫树、行道树。

生长习性 喜温暖湿润气候，耐寒性不强；宜生于肥沃湿润土壤上，较耐水湿。

种质资源 分布于安徽南部、江苏、浙江、江西、福建、湖南、广东北部和广西等地。在苏州一些乡村及少量公园绿地中有分布，在山地，仅知高新区大阳山凤凰寺有1株，胸径22厘米。

老鸦柿 **Diospyros rhombifolia** Hemsl.

形态特征 落叶灌木，树皮褐色，有光泽。嫩枝被柔毛，枝有刺。叶互生，卵状菱形至倒卵形，长4~4.5厘米，宽2~3厘米，顶端短尖或钝，基部楔形，上面沿脉有黄褐色的毛，以后脱落，下面多少有毛。花单生于叶腋，花冠壶形，白色，4

裂，被毛。浆果卵球形，顶端突尖，有长柔毛，熟时橙红色；宿存萼4深裂，裂片反卷。花期 4 月，果熟期 10~11 月。

用途 根、枝可入药，果实可制柿漆。

生长习性 喜温暖湿润气候，较耐阴，自然生长于山坡灌丛或林缘。

种质资源 分布于安徽、江苏、浙江、江西、福建等地。苏州吴中区穹窿山、高新区花山与大阳山、常熟市虞山等山地有野生。大阳山文殊寺踞雄石碑旁，在 100 平方米样方中有 20 株，地径 1~2 厘米。

本种在苏州仅见于野生，其果实熟时红色，柄较长，挂在枝丫间，颇美观可赏，可用于园林绿化或制作盆景。

64. 山矾科 Symplocaceae

山矾科分种检索表

1. 落叶性，叶纸质，中脉在上面凹下……………………………………………………白檀

1. 常绿性，叶革质，中脉在上面隆起…………………………………………光亮山矾

白檀 **Symplocos paniculata**（Thunb.）Miq.

形态特征　落叶灌木或小乔木。嫩枝、叶两面、叶柄和花序均被柔毛。叶互生，椭圆形或倒卵形，长 3~11 厘米，顶端急尖或渐尖，基部楔形，边缘有细尖锯齿，纸质。圆锥花序；花萼裂片有睫毛；花冠白色，芳香，5 深裂，筒极短；雄蕊花丝基部合生成 5 体；有花盘。核果卵形，蓝黑色。花期 4~5 月，果熟期 7 月。

用途　叶可药用，根皮与叶可用作农药。

生长习性　深根性。喜光，较耐阴；喜温暖湿润的气候，耐寒性强；在深厚肥沃的沙质壤土上生长良好，亦较耐干旱瘠薄。

种质资源　分布于东北、华北至江南各省，朝鲜、日本、印度、北美均有栽培。苏州各处山地均有野生，且资源较丰富。

本种是山野较常见的树种，4~5 月间，满树白花，颇美观，可开发为园林绿化植物。

光亮山矾 **Symplocos lucida**（Thunb.）Siebold et Zucc.

又名四川山矾。

形态特征　常绿小乔木；嫩枝黄绿色，有棱。叶互生，革质，倒卵状椭圆形或长椭圆形，长 7~10 厘米，宽 3~3.5 厘米，具尖锯齿；中脉在两面均隆起。花 5~6 朵集成团伞花序，生于叶腋；花萼 5 裂，外被毛；花冠淡黄色，5 深裂；雄蕊花丝基部联合成 5 体；有花盘。核果卵状椭圆形，黑褐色，具直立宿存萼片。花期 3~4 月，果期 5~8 月。

用途　木材坚韧，可作细木工及家具用材。

生长习性　喜光，也耐阴；喜温暖湿润气候；对土壤适应性较强，耐干旱瘠薄，对

大气污染有较强抗性。

种质资源 分布长江流域各省。苏州天平山，吴中区穹窿山、光福、东山和西山，高新区花山等山地均有野生。在穹窿山孙武苑外北面 100 平方米样方中记录到 3~4 株，最大胸径 19 厘米，平均胸径 13 厘米。

本种为常绿小乔木，树形优美，对大气污染有较强抗性，是很有前途的景观树种。

65. 安息香科（野茉莉科）Styraceae

垂珠花 **Styrax dasyanthus** Perkins

形态特征 落叶乔木。嫩枝密被灰黄色星状毛，后变无毛。叶互生，革质或近革质，倒卵形、倒卵状椭圆形或椭圆形，长 7~14 厘米，宽 3.5~6.5 厘米，顶端急尖，基部楔形，上半部边缘有锯齿，幼时两面疏被星状毛，后仅叶脉被毛；叶柄密被星状毛。圆锥或总状花序，具多花，10 余朵，被黄色星状毛；萼齿 5；花冠白色，裂片 5；雄蕊花丝下部联合；子房半下位。果实卵形或球形，密被灰黄色星状短绒毛。花期 3~5 月，果期 9~12 月。

用途 叶可药用；种子可榨油，用于油漆及制作肥皂。

生长习性 速生。喜光，耐瘠薄，生于山坡及溪边杂木林中。

种质资源 分布于山东、河南、安徽、江苏、浙江、湖南、江西、湖北、四川、贵州、福建、广西和云南等省区。苏州天平山、吴中区穹窿山、常熟市虞山等地有野生。

本种花量大，洁白美观，可开发为园林观赏植物。

66. 木樨科 Oleaceae

木樨科分种检索表

1. 单 叶 ……………………………………………………………………………………2
1. 复叶…………………………………………………………………………………13
2. 叶全缘 ………………………………………………………………………………3
2. 叶有锯齿………………………………………………………………………………10
3. 无顶芽………………………………………………………………………………紫丁香
3. 有 顶 芽 ……………………………………………………………………………4
4. 侧芽 2~3 个叠生……………………………………………………………………5
4. 侧芽单生………………………………………………………………………………6
5. 侧芽 2 个叠生，主芽芽鳞 2~3 对；落叶性…………………………………………流苏树
5. 侧芽 2~3 个叠生，芽鳞 2；常绿性…………………………………………………桂花
6. 新叶黄色；嫩枝被毛…………………………………………………………………7
6. 新叶绿色；嫩枝无毛或被毛…………………………………………………………8
7. 半常绿，叶薄革质或纸质……………………………………………………金叶女贞
7. 常绿，叶厚革质………………………………………………日本女贞（金森女贞）
8. 嫩枝被毛………………………………………………………………………………9
8. 嫩枝无毛……………………………………………………………………………女贞
9. 叶椭圆形至矩圆状椭圆形，基部近圆形，背面被毛……………………………小蜡
9. 叶椭圆形或倒卵状椭圆形，基部楔形，两面无毛……………………………小叶女贞
10. 叶纸质，落叶性；灌木，枝条拱形下垂………………………………………金钟花
10.叶革质或薄革质，常绿或落叶性，乔木或灌木，枝条非拱形……………………11
11. 侧芽 2 个叠生，主芽芽鳞 2~3 对；落叶性…………………………………流苏树
11. 侧芽 2~3 个叠生，芽鳞 2；常绿性………………………………………………12
12. 叶缘有显著的针刺状锯齿…………………………………………………………柊树
12. 叶缘锯齿不为针状……………………………………………………………………桂花
13. 2 年生小枝灰色至褐色，不为绿色；羽状复叶，小叶通常多于 3 枚……………14
13. 2 年生小枝四棱形，绿色；复叶常有小叶 3 枚……………………………………15

14. 羽状复叶之叶轴具狭翅，小叶着生处有关节……………………………………对节白蜡

14. 羽状复叶之叶轴不具翅，小叶着生处无关节…………………………………白蜡树

15. 常绿性；小叶较大，长 2~7 厘米，无毛………………………………云南黄馨

15. 落叶性；小叶较小，长 1~3 厘米，幼时两面被毛……………………………迎春花

流苏树 **Chionanthus retusus** Lindl.et Paxton

形态特征 落叶灌木或乔木。小枝幼时被短柔毛，后无毛。单叶对生，叶片革质或薄革质，长圆形至倒卵状披针形，长3~12厘米，宽2~6.5厘米，先端圆钝或微凹，全缘或有小锯齿，两面被毛，叶缘有睫毛，叶柄基部紫色。聚伞状圆锥花序，单性，雌雄异株，或两性；花冠白色，裂片4，狭长，长1~2厘米，花冠管短；雄蕊2。核果椭圆形，蓝黑色。花期6~7月，果期8~11月。

用途 花、嫩叶可代茶，有香气；木材可制器具。洁白而密集的花在绿叶衬托下颇为秀美，可作庭园观赏树种。

生长习性 生长较慢。喜光，耐寒。自然生长于山坡或河边、疏林或灌丛中。

种质资源 分布于甘肃、陕西、山西、河北、河南以南，至云南、四川、广东、福建、台湾；朝鲜、日本也有。苏州见于天平山、高新区花山莲花峰等地。

金钟花 **Forsythia viridissima** Lindl.

形态特征 落叶灌木，全株除花萼裂片边缘具睫毛外，其余均无毛。小枝四棱形，拱形下垂，具片状髓。叶对生，椭圆形至披针形，长3.5~15厘米，宽1~4厘米，顶端锐尖，基部楔形，上半部具锯齿，少数全缘。花1~3朵着生于叶腋，先叶开放；花萼4裂；花冠黄色，裂片4；雄蕊2。蒴果卵形。花期3~4月，果期8~11月。

用途 种子可入药。早春观花植物，宜配植墙隅、篱下和路边；植于水边堤岸，还可起护堤作用。

生长习性 喜光，较耐阴；喜温暖、湿润气候，较耐寒；耐干旱瘠薄，怕涝，不择土壤。

种质资源 分布于江苏、安徽、浙江、江西、福建、湖北、湖南、云南西北部。苏州各地公园绿地均有栽培。

白蜡树 **Fraxinus chinensis** Roxb.

形态特征 落叶乔木，树冠卵圆形，树皮灰褐色，纵裂。小枝无毛。羽状复叶对生；叶轴上面具浅沟；小叶 5~7，长 3~10 厘米，宽 2~4 厘米，叶缘具整齐锯齿，背面有时沿中脉两侧被柔毛。圆锥花序；花雌雄异株；花萼钟状，4 裂；雄蕊 2。翅果匙形。花期 4~5 月，果期 7~9 月。

用途 可放养白蜡虫生产白蜡，树皮可作药用。可栽作行道树、庭荫树。

生长习性 萌发力强，速生。喜光，稍耐阴；喜温暖湿润气候，较耐寒；喜湿耐涝，也耐干旱瘠薄，在轻度盐碱地也能生长。

种质资源 广布于全国各地，越南、朝鲜也有。苏州上方山有野生，也见于张家港香山和暨阳湖公园、吴中区光福镇窑上村太湖岸边等地。

对节白蜡 **Fraxinus hupehensis** Ch'u，Shang et Su

又名湖北梣。

形态特征　落叶乔木，树皮老时纵裂。枝条常呈棘刺状。羽状复叶对生；叶轴具狭翅，小叶着生处有关节，被毛或仅节上被毛；小叶常 7~9，革质，披针形至卵状披针形，长 1.7~5 厘米，宽 0.6~1.8 厘米，顶端渐尖，基部楔形，叶缘具锐锯齿，背面中脉基部被毛。花杂性，聚伞状圆锥花序；花萼钟状；雄蕊 2。翅果匙形。花期 2~3 月，果期 9 月。

用途　树干直，材质优良，是很好的材用树种。可栽作庭园树，也可用于制作盆景。

生长习性　速生，耐修剪。喜光；喜温暖湿润气候，较耐寒，亦耐高温；喜中性或弱酸性疏松土壤，在石灰质土壤上也能生长，耐旱，也耐湿。

种质资源　分布于湖北。昆山市千灯镇庵渡泾和凝薰桥各有 1 株，胸径分别为 45 厘米和 67 厘米。

云南黄馨 **Jasminum mesnyi** Hance

又名野迎春、云南黄素馨。

形态特征　常绿灌木。小枝四棱形，无毛，拱形下垂。三出复叶对生；小叶片近革质，长卵形或长卵状披针形，长 2~7 厘米，两面几无毛，叶缘全缘，具睫毛。花通常单生于叶腋；花萼钟

状，裂片 5~8；花冠黄色，漏斗状，花冠裂片长于花冠管，裂片 6~8，或重瓣；雄蕊 2。花期 3~4 月。

用途 绿化观赏植物，常植于路缘、坡地及水岸边。

生长习性 喜光，稍耐阴；喜温暖湿润气候，不耐寒；宜生于排水良好、肥沃的酸性土壤。

种质资源 分布于四川西南部、贵州、云南等地，全国各地多有栽培。苏州各地常见栽培。

迎春花 *Jasminum nudiflorum* Lindl.

形态特征 落叶灌木。小枝四棱形，无毛，拱形下垂。叶对生，三出复叶；小叶片卵形至狭椭圆形，长 0.5~3 厘米，宽 0.2~1.1 厘米，幼时两面稍被毛，老时仅叶缘具睫毛，叶缘全缘。花单生，先叶开放；花萼绿色，裂片 5~6 枚；花冠黄色，花冠管长 0.8~2 厘米，裂片 5~6；雄蕊 2。花期 2~4 月。

用途 花、叶和嫩枝可入药。庭园中较常见的绿化观赏植物。

生长习性 喜光，较耐阴；较耐寒；对土壤要求不严，喜湿润，也耐旱、耐碱，但忌涝。

种质资源 分布于甘肃、陕西、四川、云南西北部、西藏东南部。苏州各地均有栽培。

日本女贞 **Ligustrum japonicum** Thunb.

形态特征 常绿灌木，无毛。幼枝稍具棱。叶对生，厚革质，椭圆形或宽卵状椭圆形，长5~8厘米，宽2.5~5厘米，顶端锐尖或渐尖，基部楔形至圆形，叶缘全缘。圆锥花序塔形，无毛；花萼顶端截形或不规则齿裂；花冠白色，裂片4；雄蕊2。核果椭圆形，紫黑色，被白粉。花期6月，果期11月。

用途 为庭园绿化植物。

生长习性 喜光，较耐阴；较耐寒；对土壤要求不严，在酸性至微碱性土壤上均可生长。

种质资源 原产日本，我国引种栽培，朝鲜南部也有分布。苏州多见本种的一个栽培品种——金森女贞（*Ligustrum japonicum* 'Howardii'），其枝条顶端之嫩叶为金黄色，常栽作绿篱。

女贞 **Ligustrum lucidum** W.T. Aiton

形态特征 常绿乔木；树皮灰褐色。枝圆柱形，无毛，疏生皮孔。叶对生，革质，椭圆形或卵形，长6~17厘米，宽3~8厘米，无毛，顶端尖，基部圆形到宽楔形，全缘。圆锥花序顶生；花萼齿不明显或近截形；花冠白色，裂片4，反折；雄蕊2。核果肾形或近肾形，蓝黑色，被白粉。花期5~7月，果期11月至翌年3月。

用途 种子油可制肥皂，叶、果可入药。常栽作行道树，还可作丁香、桂花的砧木。

生长习性 深根性；速生，耐修剪。喜光，稍耐阴；喜温暖湿润气候，不耐寒；适生于微酸性至微碱性的湿润土壤，不耐瘠薄。

种质资源 分布于长江以南至华南、西南各省区，向西北分布至陕西、甘肃；朝鲜

也有。苏州各地栽种，常作行道树。吴中区穹窿山上真观外路旁，有10余株女贞，胸径8~12厘米，近于野生。全市本种古树3株，姑苏区2株，昆山市1株。

小叶女贞 **Ligustrum quihoui** Carrière

形态特征 半常绿灌木。小枝圆柱形，密被毛，后脱落。叶对生，薄革质，披针形至倒卵形，长1~4厘米，宽0.5~2厘米，顶端钝，基部楔形，全缘，常具腺点，两面无毛。圆锥花序顶生；花萼无毛，萼齿宽卵形或钝三角形；花冠白色，裂片4；雄蕊2。核果宽椭圆形，紫黑色。花期7~8月，果期10~11月。

用途 叶、树皮均可入药。庭园观赏植物，常栽作绿篱。

生长习性 萌枝力强，耐修剪。喜光，稍耐阴；较耐寒。

种质资源 分布于我国东部、中部和西南部。苏州吴中区穹窿山、常熟市虞山等地有野生，但少见。在虞山铁佛寺附近，100平方米范围内有3株，地径约1厘米。

小蜡 **Ligustrum sinense** Lour.

形态特征 落叶灌木或小乔木。小枝圆柱形，幼时被毛，老时近无毛。叶对生，纸质或薄革质，椭圆形或长圆状椭圆形，长2~7厘米，宽1~3厘米，顶端钝或锐尖，基部宽楔形至近圆形，叶背中脉有毛。圆锥花序；花萼无毛，顶端呈截形或浅波状；花冠白色，裂片4；雄蕊2。核果近球形。花期4~5月，果期11~12月。

用途 果实可酿酒，种子榨油供制肥皂，树皮和叶可入药。常栽作绿篱，也可作盆景材料。

生长习性 萌枝力强，耐修剪。喜光，稍耐阴；较耐寒。

种质资源 分布于长江流域及以南各省区，越南也有。苏州各处园林绿地有栽培。

金叶女贞 **Ligustrum × vicaryi** Rehder

形态特征 半常绿灌木。小枝圆柱形或稍扁，有时四棱形，无毛。单叶对生，椭圆形或卵状椭圆形，长2~5厘米，宽1.3~2.5厘米，顶端急尖或钝，基部宽楔形，全缘，两面无毛，幼时黄色，渐变为黄绿色至绿色。圆锥花序；花冠白色，裂片4，短于花冠筒；雄蕊2。核果卵形或近肾形，黑色。花期4~5月，果期11~12月。

用途 嫩叶金黄，有较高的观赏价值，在城市绿地中常栽作绿篱。

生长习性 喜光，不耐阴；稍耐寒；对土壤要求不严，但以疏松肥沃、排水良好的沙壤土为佳。

种质资源 金叶女贞为人工培育得到的杂交园艺种，在苏州各地多见栽培。

桂花 *Osmanthus fragrans* (Thunb.) Lour.

又名木樨。

形态特征 常绿灌木或小乔木；树皮灰褐色。小枝黄褐色，无毛。叶对生，革质，椭圆形或椭圆状披针形，长 4~12 厘米，宽 2~4 厘米，顶端急尖或渐尖，基部楔形，全缘或上半部有细锯齿，侧脉在上面下凹。花雄全异株，簇生在叶腋；花萼边缘啮蚀状；花冠 4 裂，淡黄色，芳香；雄蕊 2。核果椭圆形，紫黑色。花期 9~10 月（“四季桂”一年中可开花数次），果期翌年 3 月。

用途 桂花树姿挺秀，终年常绿，花时浓香四溢，为重要庭园绿化观赏树种，其花可用于提取香精，也可直接用作食品原料，还可入药。

生长习性 喜光，稍耐阴；喜温暖和通风良好的环境，不耐寒；喜湿润排水良好的微酸性沙质壤土，忌积水。

种质资源 原产我国长江以南亚热带山地，在湖南、浙江、福建有野生种群，现广泛栽培于长江流域各省区。本种为苏州市市花，在各地均有栽种，属于古树者多达 143 株，姑苏区 67 株，常熟市 35 株，相城区 15 株，吴中区 7 株，太仓市 7 株，吴江区 7 株，昆山市 3 株，张家港市 2 株。最粗者在吴中区东山镇碧螺村紫金庵，胸径 45 厘米，树高 14 米，树龄 600 年，生长旺盛。

柊树 **Osmanthus heterophyllus**（G. Don）P.S. Green

形态特征 常绿灌木或小乔木。幼枝被柔毛。叶对生，革质，卵形或椭圆形，长 4.5~6 厘米，宽 1.5~2.5 厘米，顶端渐尖，具针状尖头，基部楔形，叶缘具 3~4 对刺状齿或全缘，上面被柔毛。花簇生于叶腋，稍具香气；花萼裂片大小不等；花冠白色，裂片 4，长于花冠筒；雄蕊 2。核果卵圆形，暗紫色。花期 11~12 月，果期翌年 5~6 月。

用途 枝叶有药用价值，花可作香料。为庭园观赏花木，可作盆景材料。

生长习性 萌蘖性强，极耐修剪。喜光，也耐阴；喜温暖，稍耐寒；较耐旱，在肥沃、湿润而排水良好的沙质壤土上生长最好。

种质资源 分布于台湾省，日本也有。本种的一个品种三色刺桂（又名三色柊树，*Osmanthus heterophyllus*‘Goshiki’），其叶片有黄白色斑纹，在苏州白塘生态植物园有栽培。

紫丁香 **Syringa oblata** Lindl.

形态特征 落叶灌木或小乔木。小枝粗壮，无毛。叶对生，厚纸质，卵圆形至肾形，宽常大于长，长 2~14 厘米，宽 2~15 厘米，顶端锐尖，基部心形或截形，全缘，两面无毛。圆锥花序直立；花萼钟状，有 4 齿；花冠紫色，花冠管圆柱形，裂片 4；雄蕊 2，花药位于花冠管近喉部处。蒴果长圆形。花期 4~5 月，果期 6~10 月。

用途 种子入药，花可提取芳香油。为庭园观赏花木。

生长习性 喜光，稍耐阴；耐寒性强；耐干旱，忌低湿，在肥沃、湿润而排水良好

的土壤上生长最好。

种质资源　分布于东北、华北、西北（除新疆）至西南（四川西北部）。苏州各地均有栽培。另外，紫丁香的一个品种，白丁香（*Syringa oblata* 'Alba'）也在苏州各地有栽培。白丁香的叶片较小，通常长大于宽，下面稍被毛，花白色，可以与紫丁香相区别。

67. 马钱科 Loganiaceae

（在 APG III 系统中，下面的种归属于玄参科 Scrophulariaceae）

大叶醉鱼草 **Buddleja davidii** Franch.

形态特征　落叶灌木。小枝略呈四棱形，开展，幼时密被白色星状毛。叶对生，卵状披针形至披针形，长 5~20 厘米，宽 1~7.5 厘米，顶端渐尖，基部宽楔形，边缘疏生细锯齿，上面疏被星状毛，后变无毛，背面密被白色星状毛；托叶连生或有时早落。聚伞花序集成穗状圆锥花序，顶生，被星状毛；花萼 4 裂；花冠淡紫色，4 裂，喉部橙黄色；雄蕊生于花冠管中部。蒴果 2 瓣裂。花期 5~10 月，果期 9~12 月。

用途　全株供药用，花可提取芳香油。枝条开展而下垂，花序较大，花色丰富，芳香，为良好的庭园观赏植物，但植株有毒，应用时应注意。

生长习性　喜光；喜温暖湿润的气候，较耐寒；喜湿润排水良好的肥沃壤土，不耐湿。

种质资源　分布于陕西、甘肃、江苏、浙江、江西、湖北、湖南、广东、广西、四川、贵州、云南和西藏等省区，日本也有。苏州各地公园中有栽种。

68. 夹竹桃科 Apocynaceae

夹竹桃科分种检索表

1. 直立灌木……………………………………………………………………………夹竹桃

1. 藤 本 ……………………………………………………………………………………2

2. 茎木质，通常有气生根；叶革质，叶柄长仅 2~3 毫米………………………络石

2. 茎半木质，无气生根；叶纸质或薄革质，叶柄长约 1 厘米……………蔓长春花

夹竹桃 **Nerium oleander** Linn.

形态特征 常绿直立灌木，含水液。嫩枝具棱，微被毛，老时毛脱落。叶3~4枚轮生，枝条下部的为对生，狭披针形，长11~15厘米，宽2~2.5厘米，顶端急尖，基部楔形，叶缘反卷，叶背浅绿色，幼时被毛，老时毛脱落。聚伞花序顶生；花萼5深裂；花冠深红色或粉红色，单瓣5枚，喉部具5片撕裂状副花冠，或为重瓣15~18枚；花药基部有尾状附属物，顶部有丝状附属物。蓇葖果细长,2枚；种子顶端具褐色毛。花期6~10月。

用途 花大、艳丽、花期长，且抗烟尘及有毒气体，所以常作为城市及工矿区绿化观赏植物。叶、树皮、根、花、种子均有毒，应用时应注意。

生长习性 喜光；喜温暖湿润气候，不耐寒；对土壤适应性强，耐旱力强，碱性土上也能正常生长。

种质资源 全国各省区，尤其是南方，常见栽培；原产于伊朗、印度和尼泊尔。苏州各地常见种植，此外，白花夹竹桃（*Nerium oleander* 'Paihua'），花白色，也常见栽种。

络石 **Trachelospermum jasminoides**（Lindl.）Lem.

形态特征 常绿木质藤本，具乳汁。嫩枝被柔毛。叶对生，具短柄，通常为椭圆形或卵状披针形，长2~10厘米，宽1~4.5厘米，背面被短柔毛。聚伞花序；花萼5深裂，反卷；花冠白色，高脚碟状，裂片5枚，向右覆盖，呈螺旋状；雄蕊5枚；花盘环状，

石血

变色络石

5裂。蓇葖果2；种子顶端有白色毛。花期5~6月，果期9~10月。

用途 有毒。根、茎、叶、果实供药用。叶色浓绿，四季常青，花白繁茂，且具芳香，所以是垂直绿化的佳品，可用于攀覆山石、墙壁及大树等。

生长习性 喜光，也耐阴；喜温暖湿润气候，不甚耐寒；对土壤要求不严，较耐干旱。

种质资源 除新疆、青海、西藏及东北地区外，其他各省均有分布；越南、朝鲜、日本也有。苏州各地均有野生。石血（*Trachelospermum jasminoides* var. *heterophyllum* Tsiang）：叶异形，通常披针形，长4~8厘米，宽0.5~3厘米，在常熟虞山石屋路有成片生长。络石的叶形变化较大，特别是营养枝与繁殖枝上的叶形差别很大，所以现在认为石血这个变种不成立，如在《Flora of China》(《中国植物志》英文版）中，已作为络石的异名出现。在本市的一些公园中可见到络石的栽培品种，变色络石（花叶络石，*T. jasminoides*'Variegatum'）：叶杂色，具有绿色、白色和浅红色等。

蔓长春花 **Vinca major** Linn.

形态特征 蔓性常绿半灌木，着花的茎直立，除叶柄、叶缘、花萼及花冠喉部有毛

花叶蔓长春花

外，其余无毛。叶椭圆形，长 2~8 厘米，宽 2~6 厘米，顶端钝，基部下延。花单生于叶腋；花萼裂片线形；花冠蓝色，花冠筒漏斗状，花冠裂片倒卵形。蓇葖果双生。花期 3~7 月。

用途　庭园观赏植物，花与叶均可赏，常栽作地被。

生长习性　喜阴；喜温暖温暖气候，不耐寒；在深厚、肥沃、湿润的土壤上生长良好。

种质资源　原产欧洲，我国江苏、浙江和台湾等省栽培。苏州各处绿地中多见栽种。花叶蔓长春花（*Vinca major* 'Variegata'）：本种的栽培品种，叶片边缘黄白色，另有黄白色斑点，在苏州亦多见栽种。

69. 紫草科 Boraginaceae

（在 APG III 系统中，下面的种归属于厚壳树科 Ehretiaceae）

厚壳树 **Ehretia acuminata** R. Br.

形态特征 落叶乔木，树皮灰黑色，不规则纵裂。叶互生，椭圆形、倒卵形或长圆状倒卵形，长 5~18 厘米，宽 3~8 厘米，先端急尖，基部宽楔形，边缘有整齐的锯齿，偶见被稀疏柔毛。聚伞花序圆锥状，被短毛或近无毛；花小，芳香；花萼 5 浅裂，具缘毛；花冠钟状，白色，裂片 5，较筒部长；雄蕊 5。核果橘黄色。花期 4~5 月，果期 7 月。

用途 木材供建筑及家具用，树皮作染料，嫩芽可供食用，叶和枝条可入药。可栽作行道树、庭荫树。

生长习性 根系发达，萌蘖性好，耐修剪。喜光，稍耐阴；喜温暖湿润的气候，较耐寒；在深厚肥沃的土壤生长良好，也较耐瘠薄。

种质资源 分布于西南、华南、华东及台湾、山东、河南等省区，日本和越南也有。在苏州各地有少量野生。常熟市虞山较多，但以小苗为主，最粗者在徐家沿路，胸径 11 厘米。

70. 马鞭草科 Verbenaceae

（在 APG III 系统中，下面的种归属于唇形科 Lamiaceae）

马鞭草科分种检索表

1. 单 叶 ……………………………………………………………………………2
1. 掌状复叶……………………………………………………………………牡荆
2. 小枝髓心淡黄色，薄片状横隔…………………………………………海州常山
2. 小枝髓心充实，无片状横隔………………………………………………………3
3. 叶缘有锯齿………………………………………………………………华紫珠
3. 叶全缘…………………………………………………………………………大青

华紫珠 **Callicarpa cathayana** H. T. Chang

形态特征 落叶灌木。小枝纤细，嫩稍有星状毛，老后脱落。叶对生，卵状披针形，长 4~10 厘米，宽 1.5~3 厘米，顶端渐尖，基部楔形，两面仅脉上有毛，背面有红色腺点；叶柄长 4~8 毫米。聚伞花序，3~4 次分歧，花序梗稍长于叶柄或近等长，略有星状毛；花萼杯状，具星状毛和红色腺点；花冠紫色，4 裂，疏生星状毛和红色腺点；花丝等于或稍长于花冠；子房无毛。浆果状核果，紫色。花期 5~7 月，果期 8~11 月。

用途 叶与根可入药。果实密集，色彩艳丽，可作为庭园观果灌木栽种。

生长习性 较耐阴；喜温暖湿润气候，自然生长于山坡、谷地的丛林或灌丛中。

种质资源 分布于河南、江苏、湖北、安徽、浙江、江西、福建、广东、广西、云南。在苏州吴中区穹窿山有野生，极少见，茅蓬坞有 1 株，地径 2 厘米。

大青 **Clerodendrum cyrtophyllum** Turcz.

形态特征 落叶灌木或小乔木。幼枝被短柔毛，枝髓坚实。叶对生，纸质，长椭圆形至卵状椭圆形，长 6~20 厘米，宽 3~9 厘米，顶端渐尖或急尖，基部圆形或宽楔形，全缘，无毛或沿脉疏生毛，背面常有腺点；叶柄长 1.5~8 厘米。伞房状聚伞花序；花小，有柑橘香味，外面疏生毛和少数腺点；花萼杯状，粉红色，5 裂；花冠白色，花冠管细长，顶端 5 裂；雄蕊 4，花丝与花柱同伸出花冠外。浆果状核果，蓝紫色，花萼宿存。

花果期6月至翌年2月。

用途 根、叶可入药。

生长习性 喜光，稍耐阴；喜温暖湿润气候，不耐寒，自然生长于平原、丘陵、村边或山坡路旁。

种质资源 分布于华东、中南、西南（四川除外）各省区，朝鲜、越南和马来西亚也有。苏州吴中区东山、西山和邓尉山，高新区花山，常熟市虞山均有少量野生。高新区大阳山较多见，在晚晴山庄至凤凰寺一带，每100平方米内有10株，最大地径2厘米，最小地径1厘米。

本种未见栽种，其白花红萼及宿存的红萼与蓝果均富有观赏性，可开发为庭园观赏植物。

海州常山 **Clerodendrum trichotomum** Thunb.

又名臭梧桐。

形态特征 落叶灌木。嫩枝和叶柄有黄褐色短柔毛，枝髓淡黄色，有薄片横隔。叶对生；阔卵形至三角状卵形，长5~16厘米，宽3~13厘米，顶端渐尖，基部常截形，全缘或有波状齿，两面疏生短柔毛或近无毛；叶柄长2~8厘米。伞房状聚伞花序；花萼紫红色，5裂几达基部；花冠白色或略带粉红色；花柱不超出雄蕊。

核果近球形，熟时蓝紫色；花萼宿存。花果期 6~11 月。

用途 根、茎、叶、花均可入药。其花、果俱美观，且花期长，可作为公园绿化观赏树种。

生长习性 喜光，稍耐阴；有一定的耐寒性，自然生长于山坡灌丛中。

种质资源 分布于华北、华东、中南、西南各省区，朝鲜、日本以及菲律宾北部也有。苏州各地均有野生，如吴中区穹窿山多处林缘可见，通常地径 1~3 厘米。

牡荆

Vitex negundo var. **cannabifolia** (Siebold et Zucc.) Hand.–Mazz.

形态特征 落叶灌木或小乔木。小枝四棱形。叶对生，掌状复叶，小叶 5，少 3；小叶片披针形或椭圆状披针形，顶端渐尖，基部楔形，边缘有粗锯齿，背面无毛或稍被毛。圆锥花序顶生；花萼钟状，5 齿裂；花冠淡紫色，外面被毛，二唇形，裂片 5。核果球形，黑色。花期 6~8 月，果期 8~10 月。

用途 根、茎、叶和种子均可入药，花和枝叶可提取芳香油。

生长习性 喜光；耐干旱瘠薄，适应性强，生于山坡路边灌丛中。

种质资源 分布于华东各省及河北、湖南、湖北、广东、广西、四川、贵州、云南，日本也有分布。苏州各地均有野生。

本种花色美丽，花期长，为蜜源植物，能吸引蝴蝶，可开发为公园绿化观赏植物。

71. 茄科 Solanaceae

枸杞 Lycium chinense Mill.

形态特征 落叶灌木。枝条拱形下垂，有棘刺。单叶互生或2~4枚簇生，卵形或卵状披针形，顶端急尖，基部楔形，长1.5~5(10)厘米，宽0.5~2.5(4)厘米。花单生或2~4朵簇生；花萼3中裂或4~5齿裂；花冠漏斗状，淡紫色，5深裂。浆果红色，卵状。花期6~10月，果期10~11月。

用途 嫩叶可作蔬菜，果实供药用。可栽作庭园观赏植物，宜植于池畔、河岸、山坡等，也可用作盆景材料。

生长习性 喜光，稍耐阴；喜温暖，较耐寒；对土壤要求不严，耐干旱，较耐水湿，也较耐盐碱。

种质资源 分布于我国东北、河北、山西、陕西、甘肃南部以及西南、华中、华南和华东各省区；朝鲜和日本也有，欧洲有栽培或逸为野生。苏州各地有野生或栽培。

72. 玄参科 Scrophulariaceae

（在 APG III 系统中，下面的种归属于泡桐科 Paulowniaceae）

毛泡桐 Paulownia tomentosa（Thunb.）Steud.

又名紫花泡桐、桐。

形态特征　落叶乔木，树皮褐灰色。幼枝、幼果密被黏质短腺毛，后变光滑。叶对生，宽卵形至卵形，长 12~30 厘米，宽 10~30 厘米，顶端渐尖，基部心形，全缘，有时 3 浅裂，上面有柔毛及腺毛，背面密被星状绒毛，幼叶有黏质短腺毛。圆锥花序由小聚伞花序组成；花萼钟状，5 裂至中部；花冠紫色，漏斗状钟形，内面有黑色斑点和黄色条纹，外面有腺毛，裂片 5，唇形；雄蕊 4，两长两短；子房卵圆形，有腺毛。蒴果卵圆形，顶端尖；萼宿存。花期 4~5 月，果期 8~9 月。

用途　木材轻软，结构均匀，纹理美观，为优质用材树种；叶、花和种子均可入药。春季满树紫花，夏日浓荫如盖，是优良的行道树和庭荫树。

生长习性　根系发达，深根性；速生。喜光，不耐阴；耐寒，但不耐高温；怕涝，耐干旱瘠薄。

种质资源　分布于辽宁南部、河北、河南、山东、江苏、安徽、湖北、江西等地，通常栽培，西部地区有野生。苏州各地有栽种。

73. 紫葳科 Bignoniaceae

紫葳科分种检索表

1. 直立乔木，单叶……………………………………………………………………………1
1. 攀缘灌木，一回羽状复叶……………………………………………………………………4
2. 叶背面脉腋具黄绿色腺斑；叶宽卵形，背面密生柔毛…………………………黄金树
2. 叶背面脉腋具紫色腺斑……………………………………………………………………3
3. 叶宽卵形，长宽几相等，通常 3~5 浅裂，背面沿叶脉有毛…………………………梓
3. 叶三角状卵形，长大于宽，不裂或有时近基部有 3~5 齿或浅裂，无毛………楸
4. 小叶 9~11，背面有毛，叶缘疏生 4~5 锯齿…………………………………厚萼凌霄
4. 小叶 7~9，背面无毛，叶缘疏生 7~8 锯齿…………………………………………凌霄

凌霄 **Campsis grandiflora**（Thunb.）K. Schum.

形态特征 落叶藤本，以气生根攀缘。叶对生，奇数羽状复叶，小叶 7~9 枚，卵形至卵状披针形，顶端尾状渐尖，基部阔楔形，两侧不等大，两面无毛，边缘有粗锯齿。圆锥花序；花萼钟状，裂至中部，裂片 5，披针形；花冠漏斗形，5 裂，稍唇形，内面鲜红色，外面橙黄色；雄蕊 4，两长两短，内藏；子房 2 室，基部有花盘。蒴果长圆柱形。花期 5~8 月。

用途 花、根可入药。优良的垂直绿化材料，可用于攀缘棚架、花门、假山和墙垣。

生长习性 喜光，耐半阴；不耐寒；耐干旱瘠薄，喜肥沃湿润、排水良好的微酸性土壤。

种质资源 分布于我国中部和东部，各地栽培；日本也有。苏州有栽培，但较少见，常熟虞山公园有 1 株为本种古树。

厚萼凌霄 **Campsis radicans**（L.）Bureau

又名美国凌霄。

形态特征 落叶藤本，攀缘。叶对生，奇数羽状复叶，小叶 9~11 枚，椭圆形至卵状椭圆形，长 3.5~6.5 厘米，宽 2~4 厘米，顶端尾状渐尖，基部楔形，边缘具齿，背面被毛，至少沿中脉被短柔毛。圆锥花序；花萼钟状，5 浅裂至萼筒的 1/3 处，裂片三角形；

花冠漏斗形，5 裂，稍唇形，橙红色至鲜红色；雄蕊内藏。蒴果长圆柱形。花期 5~9 月。

用途 花与叶均可入药。优良的垂直绿化材料，可用于攀缘棚架、花门、假山和墙垣。

生长习性 喜光，稍耐阴；耐寒力较强；对土壤要求不严，能生长于偏碱性的土壤上，耐盐，耐干旱，也耐水湿。

种质资源 原产美洲。我国各地引种栽培。苏州各地多见栽培，常熟市有 1 株本种古树。

楸 **Catalpa bungei** C. A. Mey.

又名楸树。

形态特征 落叶乔木。叶对生，三角状卵形，长 6~15 厘米，宽达 8 厘米，顶端渐尖，全缘，有时基部有 3~5 对齿，背面无毛，掌状脉。伞房状总状花序；花萼 2 唇形，顶端 2 裂；花冠钟状唇形，浅红色，内有黄色条纹和紫色斑点；发育雄蕊 2，内藏；子房 2 室，有花盘。蒴果长线形，种子两端具长毛。花期 4 月，果期 7~8 月。

用途 木材坚硬，为良好的建筑用材；花可炒食；茎皮、叶、种子可入药。树姿挺拔，可栽作庭荫树、行道树。

生长习性 深根性；速生。喜光；喜温暖湿润气候，不耐严寒；喜肥沃湿润而排水良好的中性、微酸土和钙质土，也能在轻度盐碱土上生长。

种质资源 分布于河北、河南、山东、山西、陕西、甘肃、江苏、浙江、湖南等地。苏州有栽培，有 7 株为古树，常熟市 3 株，姑苏区（文庙）3 株，吴中区 1 株。

梓 **Catalpa ovata** G. Don

又名梓树。

形态特征 落叶乔木。嫩枝具稀疏柔毛。叶对生或近对生，有时轮生，阔卵形，长宽近相等，长约 25 厘米，顶端渐尖，全缘或浅波状，常 3 浅裂，两面均粗糙，微被柔毛或近于无毛，掌状脉。圆锥花序，花序梗微被疏毛；花萼 2 唇开裂；花冠钟状唇形，淡黄色，内面具 2 黄色条纹及紫色斑点，能育雄蕊 2，内藏；子房 2 室，有花盘。蒴果长线形，种子两端具长毛。花期 5 月，果期 7~8 月。

用途 木材可作家具，嫩叶可食，根皮、内树皮、种子可入药。树冠伞形，主干通直，可栽作庭园树、行道树。古人在房前屋后植桑种梓，所以“桑梓”代故乡，以梓木刻版印书，故以“梓材”名篇，古琴以梧桐木为面板，梓木为琴底，称为“桐天梓地”。

生长习性 速生。喜光，稍耐阴；耐寒，暖热气候下生长不良；喜深厚、肥沃、湿润土壤，不耐干旱瘠薄，能耐轻度盐碱土。

种质资源 分布于长江流域及以北地区，日本也有。苏州有栽培，其中太仓市人民公园有 2 株较粗大者，胸径分别为 29 厘米和 33 厘米。

黄金树 **Catalpa speciosa** Teas

形态特征 落叶乔木，树冠伞状。叶对生，宽卵形至卵状椭圆形，长 15~30 厘米，顶端长渐尖，基部截形或心形，背面密被短柔毛。圆锥花序，花萼裂片 2。花冠钟状唇形，白色，喉部有 2 黄色条纹及紫色细斑点，能育雄蕊 2，内藏；子房 2 室，有花盘。蒴果长圆柱形，种子两端具长毛。花期 5~6 月，果期 8~9 月。

用途 树形优美，多栽作庭荫树、行道树。

生长习性 喜光，不耐阴；喜湿润凉爽气候，但耐寒性较差；在深厚、肥沃、疏松土壤上生长良好，不耐瘠薄。

种质资源 原产美国中部至东部，我国各地引种栽培。苏州上方山旁石湖边，种作行道树，吴江区震泽王晓庵墓附近有 1 株为本市最粗大者，胸径 45.5 厘米，生长良好。

74. 茜草科 Rubiaceae

茜草科分种检索表

1. 托叶合生成鞘状抱茎……………………………………………………………栀子

1. 托叶分离，不成鞘状抱茎…………………………………………………………2

2. 叶较大，薄纸质，长 1.5~3 厘米，卵形或椭圆状卵形………………………白马骨

2. 叶较小，革质，长 0.7~1.5 厘米，狭椭圆形或椭圆状披针形………………六月雪

栀子 **Gardenia jasminoides** J. Ellis

又名黄栀子、卮子。

小叶栀子

形态特征 常绿灌木。幼枝绿色。叶对生或轮生，革质，长椭圆形或倒卵状披针形，长6~12厘米，宽2~5厘米，顶端渐尖或钝，基部宽楔形，无毛。花大，白色，浓香，单生；花萼5~7裂，线形；花冠裂片5或更多，螺旋状排列；花柱粗厚，柱头扁宽。浆果卵形或圆柱形，有5~7纵棱，顶端有宿存的萼裂片，橙红色。花期6~8月，果期9~11月。

用途 果可作染料，亦可入药。叶色亮绿，花洁白芳香，栽于庭园路旁或盆栽观赏。

生长习性 较耐阴；喜温暖湿润气候，稍耐寒；喜肥沃的酸性壤土，较耐水湿。

种质资源 分布于我国南部和中部，越南和日本也有。苏州常见栽培，在山地，如高新区花山、大阳山等也见少量野生。小叶栀子（*Gardenia jasminoides* 'Radicans'）：植株较小，枝常平铺地面，叶狭小，花也小，在苏州城市绿地中，常栽作地被。

六月雪 **Serissa japonica**（Thunb.）Thunb.

形态特征 常绿小灌木。叶对生，革质，狭椭圆形或椭圆状披针形，长0.7~1.5厘米，顶端短尖至长尖，全缘，无毛；叶柄短。花单生或数朵簇生；苞片被毛、边缘浅波状；萼檐裂片细小，锥形，被毛；花冠淡红色或白色，花冠管比萼檐裂片长；雄蕊伸出

花冠管喉部。核果小。花期 5–6 月，果期 7~8 月。

用途 全株入药，有较强的抑菌作用。栽作庭园观赏植物，也用于制作盆景。

生长习性 喜阴湿环境；喜温暖气候，不耐寒；对土壤要求不严，中性、微酸性土均能适应。

种质资源 分布于江苏、安徽、江西、浙江、福建、广东、香港、广西、四川、云南等省区，日本和越南也有。苏州各地常见栽培。

白马骨 **Serissa serissoides**（DC.）Druce

形态特征 常绿小灌木。嫩枝有毛。叶对生，卵形或椭圆状卵形，长 1.5~3 厘米，宽 0.7~1.3 厘米，顶端短尖，基部收狭成一短柄，除下面被疏毛外，其余无毛。花单生或数朵簇；花萼裂片披针状锥形，边缘有细齿；花冠白色，花冠管与萼檐裂片等长。核果球形。花期 6~7 月，果期 9~10 月。

用途 全株入药。夏季开细白花，枝叶扶疏，是制作盆景的好材料。

生长习性 喜阴湿环境；喜温暖气候，不耐寒；自然生长于山坡灌丛或林中。

种质资源 分布于长江下游至广东，日本琉球群岛也有。苏州各处山地均有野生。

75. 五福花科 Adoxaceae

五福花科分种检索表

1. 单数羽状复叶……接骨木
1. 单叶……2
2. 叶全缘……3
2. 叶有锯齿……4
3. 叶长 5~7.5 厘米，背面沿脉有毛，叶缘有缘毛……地中海荚蒾
3. 叶长 7~15 厘米，无毛或背面脉腋有簇毛，叶缘无缘毛……日本珊瑚树
4. 侧脉直伸至叶缘齿端……5
4. 侧脉到叶缘弧曲，不伸至齿端……6
5. 叶背面有黄白色半透明腺点，侧脉 6~7 对……荚蒾
5. 叶背面无腺点，侧脉 10~13 对……粉团
6. 鳞芽；叶革质，常绿性……日本珊瑚树
6. 裸芽；叶纸质，落叶性……7
7. 聚伞花序全为不孕性花……绣球荚蒾
7. 聚伞花序边缘为不孕性花，中央为可孕性花……琼花

接骨木 **Sambucus williamsii** Hance

形态特征 落叶灌木或小乔木。羽状复叶对生，小叶2~3（5）对，椭圆状披针形，长5~15厘米，宽1.5~7厘米，顶端尖，基部阔楔形，不对称，边缘具锯齿，上面及中脉初疏被毛，后无毛，揉碎后有臭气。圆锥状聚伞花序顶生；花小而密；萼筒杯状；花冠蕾时带粉红色，开后白色或淡黄色，裂片5；雄蕊5，与花冠裂片等长；子房3室。浆果状核果红色或紫黑色，分核2~3枚。花期4~5月，果熟期6~7月。

用途 枝叶入药。花果美观，是良好的观赏花灌木，宜植于草坪、林缘、水边等地。

生长习性 根系发达，萌蘖性强。喜光、耐寒、耐旱，易栽培。

种质资源 分布北起东北，南至南岭以北，西达甘肃南部和四川、云南东南部。苏州散见于各地村落中，在张家港市、常熟市的村落中尤其多见。常熟市虞山菱塘里11号有1株本种较大个体，4分枝，各分枝胸径分别为12厘米、15厘米、7厘米、7厘米。

荚蒾 **Viburnum dilatatum** Thunb.

形态特征 落叶灌木。嫩枝有星状毛，老枝红褐色。叶对生，纸质，宽倒卵形至椭圆形，长3~10厘米，宽3~5厘米，顶端急尖或渐尖，基部圆形至微心形，边缘有锯齿，上面疏生毛，背面被星状毛或柔毛，有黄色或近无色的透亮腺点，侧脉6~8对，直达齿端。复聚伞花序；花冠白色，辐状，5裂；雄蕊5，高出花冠。核果红色，近球形。花期5~6月，果期9~11月。

用途 茎叶可入药；果实可食用，亦可酿酒。果红艳，可栽植于庭园观赏。

生长习性 喜光，较耐阴；喜温暖湿润气候，较耐寒；对土壤条件要求不严，最宜生长于微酸性肥沃土壤。

种质资源 分布于河北南部、陕西南部、江苏、安徽、浙江、江西、福建、台湾、河南南部、湖北、湖南、广东北部、广西北部、四川、贵州及云南，日本和朝鲜也有。苏州高新区大阳山与吴中区穹窿山、西山和光福等地有少量野生。大阳山文殊寺西围栏边有1株，地径2厘米。

绣球荚蒾 **Viburnum macrocephalum** Fort.

又名木绣球、绣球、八仙花、紫阳花。

形态特征 落叶或半常绿灌木。幼枝有垢屑状星状毛，老枝灰褐色；冬芽无鳞片，密被星状毛。叶对生，纸质，卵形至椭圆形或卵状矩圆形，长5~11厘米，顶端钝或稍尖，基部圆，边缘有小齿，上面初时密被星状毛，后仅中脉有毛，下面被星状毛，侧脉5~6对，近缘互相网结。大型聚伞花序呈球形，全由不孕花组成；花冠白色，辐状，裂片5。花期4~5月。

用途 树姿开展圆整，春季花似雪球，为传统观赏树种。

生长习性 喜光，略耐阴；喜温暖气候，稍耐寒；适生于排水良好的微酸性至中性土。

种质资源 全国各地均有栽培。苏州各地均有栽培。

琼花 *Viburnum macrocephalum* f. *keteleeri* (Carrière) Rehder

又名聚八仙、八仙花、蝴蝶木、扬州琼花、木绣球。

形态特征 与原种绣球荚蒾（V. macrocephalum）区别在于，花序仅周围具大型的白色不孕花，花序中央为可孕花；花冠白色，辐状，裂片 5，雄蕊稍高出花冠。核果红色后变黑色，椭圆形。花期 4 月，果期 9~10 月。

用途 花序边缘所生之洁白不孕花，如群蝶起舞，逗人喜爱，是很好的观赏植物。

生长习性 喜光，略耐阴；喜温暖气候，稍耐寒；适生于排水良好的微酸性至中性土。

种质资源 分布安徽西部、浙江、江西西北部、湖北西部及湖南南部。苏州各地均有栽培。

日本珊瑚树

Viburnum odoratissimum* var. *awabuki (K. Koch) Zabel ex Rümpl.

又名法国冬青。

形态特征 常绿灌木或小乔木。枝有时稍被星状毛。芽有 1~2 对鳞片。叶对生，革质，倒卵状矩圆形至矩圆形，长 7~15 厘米，宽 4~9 厘米，顶端钝或急尖，基部宽楔形，全缘或有浅钝锯齿，侧脉 5~8 对。圆锥状聚伞花序；花冠白色，辐状，裂片 5；雄蕊 5，

略超出花冠。核果先红色后变黑色。花期 4~5 月，果熟期 9~11 月。

用途 园林绿化树种，对煤烟和有毒气体具有较强的抗性和吸收能力，常作绿篱或园景丛植；耐火力强，可作防火隔离树。

生长习性 根系发达，耐修剪。喜光，稍耐阴；喜温暖气候，不耐寒；喜中性土壤，在酸性和微碱性土壤上也能生长。

种质资源 分布于台湾、安徽、浙江、江西、湖北等省，日本也有分布。苏州各地均有栽培。

粉团 Viburnum plicatum Thunb.

又名雪球荚蒾。

形态特征 落叶灌木。幼枝被黄褐色星状绒毛，小枝稍具棱角。冬芽有 1 对鳞片。叶对生，纸质，宽卵形至倒卵形，长 4~10 厘米，顶端圆或急尖，基部圆形或宽楔形，边缘有锯齿，上面疏被短伏毛，背面密被绒毛或仅侧脉有毛，侧脉 10~12 对，伸至齿端，上面常深凹陷。聚伞花序球形，全部由不孕花组成；花冠白色，辐状，裂片 5 或 4，常不等大。花期 4~5 月。

用途 树姿开展圆整，春叶翠绿，花似雪球，为观赏树种。

生长习性 喜光，略耐阴；喜温暖气候，稍耐寒；适生于排水良好的微酸性至中性土。

种质资源 全国各地栽培，日本也有。苏州有栽培（虎丘湿地公园有 1 株），但很少见。

地中海荚蒾 **Viburnum tinus** Linn.

形态特征 常绿灌木或小乔木。小枝具 2 条纵棱，幼时密被灰白色毛，后稍被毛或无毛。芽有 1 对鳞片，被毛。叶对生，革质，卵形或椭圆形，长 4.5~7 厘米，宽 2.5~4 厘米，顶端渐尖，基部宽楔形，全缘，有缘毛，侧脉 4~5 对，背面被腺毛。聚伞花序；花蕾红色，开放时白色；花冠筒状，裂片 5；雄蕊与花柱伸出于花冠筒。核果卵形，熟时蓝黑色。花期 11 月至翌年 3 月。

用途 花蕾红色，开放后白色，有香味，从冬季花蕾至春季开放的花均美丽可观，是良好的庭园观赏植物。

生长习性 喜光，较耐阴；喜温暖气候，稍耐寒；对土壤要求不严，较耐旱，但不耐湿。

种质资源 原产于地中海地区。苏州白塘生态植物园、虎丘湿地公园等地有栽培。

76. 锦带花科 Diervillaceae

（在 APG III 系统中，下面的种归属于忍冬科 Caprifoliaceae）

锦带花科分种检索表

1. 幼枝有 2 列短柔毛；叶两面有毛，背面毛较密……………………………………锦带花
1. 幼枝无毛，叶仅脉上疏生毛……………………………………………………………海仙花

海仙花 **Weigela coraeensis** Thunb.

形态特征 落叶灌木。小枝粗壮无毛。叶对生，阔椭圆形或倒卵形，长6~12厘米，宽3~7厘米，顶端尾尖，基部阔楔形，边缘具钝锯齿，上面除中脉疏生平贴毛外，背面淡绿色，脉间稍有毛。花单生或呈聚伞花序；萼裂片5，线状披针形；花冠漏斗状钟形，初时白色、淡红色，后深红色，5裂，两侧对称。蒴果长圆柱形。花期5~6月，果期7~10月。

用途 花色美，花期长，为庭园观赏植物。

生长习性 喜光，稍耐阴；较耐寒；对土壤要求不严，喜湿润肥沃的土壤。

种质资源 分布于江西、山东、浙江、广东等省。苏州各地均有栽培。

锦带花 **Weigela florida**（Bunge）A. DC.

又名锦带。

形态特征 落叶灌木。幼枝稍四方形，有2列短柔毛。芽顶具3~4对鳞片，常光滑。叶对生，矩圆形、椭圆形至倒卵状椭圆形，长5~10厘米，顶端渐尖，基部阔楔形至圆形，边缘有锯齿，上面疏生短柔毛，脉上毛较密，背面密生短柔毛或绒毛，具短柄至无柄。花单生或呈聚伞花序；萼齿不等长；花冠紫红色或玫瑰红色，裂片 5，不整齐。蒴果顶有短喙。花期 4~6 月。

用途　花色艳丽，花期长，是很好的庭园观赏植物。

生长习性　喜光；耐寒；对土壤要求不严，耐瘠薄，但以肥沃、深厚、湿润而排水良好的土壤最宜。

种质资源　分布于黑龙江、吉林、辽宁、内蒙古、山西、陕西、河南、山东北部等地，日本和朝鲜也有。苏州各地有栽培。在白塘生态植物园和虎丘湿地公园等地栽培有本种的 3 个品种，花叶锦带（*Weigela florida*'Variegata'）：叶有乳白色边缘和斑纹，花粉红色；金叶锦带（*W. florida*'Olympiade'）：嫩叶黄色；红王子锦带（*W. florida*'Red Prince'）：花朵密集，花冠深玫瑰红色。

77. 忍冬科 Caprifoliaceae

忍冬科分种检索表

1. 直立小乔木，幼枝微被毛……………………………………………………………金银忍冬

1. 攀缘灌木，幼枝密生毛………………………………………………………………………忍冬

忍冬 **Lonicera japonica** Thunb.

又名金银花。

红白忍冬

形态特征 半常绿缠绕藤本。枝中空，皮条状剥落，幼时密被毛，后无毛。叶对生，卵形或椭圆状卵形，长3~8厘米，宽1.5~4厘米，顶端渐尖或钝，基部近心形或圆形，全缘，幼时两面有毛，老时无毛。花成对腋生；萼筒无毛；花冠二唇形，上唇4裂而直立，下唇反转，初开时白色，后转黄，芳香。浆果球形，2枚离生，黑色或暗红色。花期5~7月，果期8~10月。

用途 花蕾入药，或代茶叶，有清热解毒、消炎退肿的功效。花黄白相间，有清香，色香俱备，又为攀缘藤本，所以是垂直绿化的佳品。

生长习性 喜光也耐阴；耐寒；对土壤要求不严，耐旱及水湿，在酸性至碱性土壤上均能生长。

种质资源 分布较广，北起辽宁，西至陕西，南达湖南，西南至云南、贵州；朝鲜和日本也有。苏州各丘陵山地有野生，在公园绿地也有栽培。红白忍冬[*Lonicera japonica* var. *chinensis*（Wats.）Bak.]为忍冬的变种，花冠外面紫红色，内面白色，在苏州偶见栽培。

金银忍冬 **Lonicera maackii** (Rupr.) Maxim.

又名金银木。

形态特征　落叶灌木。幼枝、叶两面脉上、叶柄、苞片、小苞片及萼檐外面都被短柔毛和微腺毛。冬芽有 5~6 对或更多鳞片。小枝初时具黑褐色髓，后变中空。叶对生，纸质，通常卵状椭圆形至卵状披针形，长 2.5~8 厘米，宽 1.5~4 厘米，顶端渐尖，基部宽楔形至圆形。花成对腋生；相邻两萼筒分离，萼檐钟状；花冠先白色后变黄色，唇形；雄蕊 5，与花柱长约达花冠的 2/3。浆果暗红色。花期 5~6 月，果期 8~10 月。

用途　茎皮可制人造棉；种子油可制肥皂；花可代金银花用，还可提取芳香油。用于庭园绿化、观赏。

生长习性　喜光也耐阴；耐寒；喜湿润肥沃及深厚的土壤，也耐旱。

种质资源　分布于黑龙江、吉林、辽宁、河北、山西、陕西、甘肃、山东、安徽、浙江、河南、湖北、湖南、四川、贵州、云南及西藏，朝鲜、日本和俄罗斯远东地区也有。苏州少见栽培，苏州科技大学江枫校区内有 2 株，生长良好。

78. 北极花科 Linnaeaceae

（在 APG III 系统中，下面的种归属于忍冬科 Caprifoliaceae）

大花糯米条 **Abelia** × **grandiflora**（Rovelli ex André）Rehd.

又名大花六道木。

形态特征　半常绿灌木。小枝被短柔毛。叶对生，有时 3 或 4 叶轮生，卵形，长达 4.5 厘米，顶端急尖，基部楔形，边缘有稀疏锯齿，上面绿色有光泽，有时淡黄绿色，两面无毛或背面脉上具簇生毛。花单朵生于叶腋，组成圆锥花序；苞片 4；萼裂片 2~5，微红色，常部分合生；花冠，白色，有时淡粉红色，漏斗状至稍二唇形，基部囊状，下唇有长髯毛；雄蕊与花冠筒近等长。瘦果，顶端具宿存萼裂片。花期 9~10 月，果期 11~12 月。

用途　美丽的花灌木，可栽作花篱、地被等。

生长习性　萌蘖和萌芽力强，耐修剪。喜光；喜温暖气候，较耐寒；对土壤要求不严，在酸性和中性土壤上均能生长，耐干旱瘠薄，不耐水湿。

种质资源　本种为蓪梗花［*Abelia engleriana*（Graebn.）Rehd.］和糯米条（*A. chinensis* R. Br.）的人工杂交种，在国内一些城市中有栽培。在欧洲、非洲和美洲国家广泛栽培。苏州一些公园中有栽培。

79. 小檗科 Berberidaceae

小檗科分种检索表

1. 单叶，枝条节部具长刺……………………………………………………………日本小檗

1. 羽状复叶，枝条节部无刺………………………………………………………………2

2. 一回羽状复叶，小叶叶缘有齿…………………………………………………………3

2. 二至三回羽状复叶，小叶全缘………………………………………………………南天竹

3. 小叶卵形或椭圆形，宽 4~5 厘米……………………………………………阔叶十大功劳

3. 小叶狭披针形，宽 2~3 厘米…………………………………………………………十大功劳

日本小檗 **Berberis thunbergii** DC.

紫叶小檗

形态特征 落叶灌木。枝具棱；茎刺单一，有时 3 叉。叶互生或簇生，倒卵形或匙形，长 1~2 厘米，宽 0.5~1 厘米，先端钝，基部楔形，全缘，两面无毛。近簇生的伞形花序，花 2~5 朵；花黄色；萼片 6；花瓣 6，具腺体；雄蕊 6。浆果椭圆形，亮红色。花期 4~6 月，果期 7~10 月。

用途 根和茎含多种生物碱，其中小檗碱是制小檗碱（黄连素）原料；茎皮去外皮后，可作黄色染料。常作为绿篱种植于庭园中。

生长习性 萌芽力强，耐修剪。喜光，稍耐阴；耐寒；对土壤要求不严，最适于肥沃、排水良好的沙质壤土。

种质资源 原产日本，我国大部分省区引种栽培。苏州各地均有栽培，常见者为叶紫色的品种——紫叶小檗（*Berberis thunbergii* 'Atropurpurea'）。

阔叶十大功劳 **Mahonia bealei**（Fort.）Carrière

形态特征 常绿灌木或小乔木。一回单数羽状复叶，互生，长 27~51 厘米，宽 10~20 厘米，小叶 9~15 枚，狭倒卵形至长圆形，背面被白粉，厚硬革质，每边具 2~6 个粗刺齿。总状花序，通常 6~9 条簇生；花黄色；萼片 9；花瓣 6，基部有腺体；雄蕊 6。浆果卵形，深蓝色，被白粉。花期 9 月至翌年 1 月，果期 3~5 月。

用途 全株可入药。庭园观赏植物，可用于基础种植或栽作绿篱。

生长习性 耐阴；喜温暖湿润气候，不耐严寒；可在酸性、中性和弱碱性土壤上生长，但以排水良好的沙质土壤为佳。

种质资源　分布于浙江、安徽、江西、福建、湖南、湖北、陕西、河南、广东、广西、四川。苏州各地均有栽培。

十大功劳 *Mahonia fortunei*（Lindl.）Fedde

又名狭叶十大功劳。

形态特征　常绿灌木。一回单数羽状复叶，互生，长15~30厘米，小叶5~9，革质，狭披针形，背面淡黄色，偶稍苍白色，基部楔形，顶端急尖或渐尖，边缘每边具5~10刺齿。总状花序4~10条簇生；花黄色；萼片9；花瓣6，基部腺体明显；雄蕊6。浆果球形，紫黑色，被白粉。花期7~9月，果期9~11月。

用途　全株可供药用。庭园观赏植物，可点缀于假山上或岩石缝隙以及水边溪畔，也可作为绿篱种植。

生长习性　喜光，也耐半阴；较耐寒；对土壤要求不严，能耐干旱，但在湿润、排水良好、肥沃的沙质壤土上生长最好。

种质资源　分布于广西、四川、贵州、湖北、江西、浙江。苏州各地均有栽培。

南天竹 **Nandina domestica** Thunb.

形态特征　常绿灌木。二至三回羽状复叶，互生，长 30~50 厘米，末级羽片有小叶 3~5，小叶薄革质，椭圆形或椭圆状披针形，顶端渐尖，基部楔形，全缘，两面无毛。圆锥花序；花小，白色，具芳香；萼片和花瓣多轮，每轮 3 片；雄蕊 6。浆果球形，鲜红色。花期 3~6 月，果期 5~11 月。

用途　根、叶和果均可入药。枝叶扶疏，秋冬季叶色及果实红艳，是优良的观赏植物。春节期间，以本种、松枝和蜡梅相配插瓶，红、绿、黄三色，相映成趣。

生长习性　生长速度较慢。喜半阴，在强光下亦能生长；喜温暖气候，不耐寒；宜生于肥沃、湿润而排水良好的土壤上。

种质资源　分布于福建、浙江、山东、江苏、江西、安徽、湖南、湖北、广西、广东、四川、云南、贵州、陕西、河南，日本也有。苏州各地均有栽培，常熟支塘镇有本种古树 1 株。

80. 禾本科 Poaceae

禾本科分种检索表

1. 地下茎合轴型，竿丛生，秋季出笋……………………………………………孝顺竹
1.地下茎单轴型或复轴型，竿散生或局部丛生，春季出笋稀，秋季出笋……………2
2. 节间在分枝一侧具明显的沟槽…………………………………………………………3
2. 节间在分枝一侧无沟槽或仅分枝处基部微有沟槽……………………………………12
3. 竿每节有 2 分枝 ………………………………………………………………………4
3. 竿每节有 3~5 分枝………………………………………………………………………11
4. 箨鞘（笋壳）多少具斑点………………………………………………………………5
4. 箨鞘无斑点………………………………………………………………………………10
5. 箨鞘有箨耳或繸毛………………………………………………………………………6
5. 箨鞘既无箨耳，也无繸毛………………………………………………………………8
6. 箨鞘有毛 …………………………………………………………………………………7
6. 箨鞘无毛…………………………………………………………………………黄槽竹
7. 新竿有毛及厚白粉…………………………………………………………………毛竹
7. 新竿无毛，无白粉…………………………………………………………………桂竹
8. 箨鞘疏生小刺毛或粗糙……………………………………………………………桂竹
8. 箨鞘平滑无毛……………………………………………………………………………9
9. 箨鞘斑点较浓密，箨叶皱或平直……………………………………………乌哺鸡竹
9. 箨鞘斑点较稀疏，上部的箨鞘有时近无斑，箨叶平直……………………早园竹
10. 新竿、箨环密生毛，箨鞘带红褐色，密生毛，箨耳发达；新竿绿色，秋后变紫黑色，2 年生者均为紫黑色……………………………………………………………紫竹
10. 新竿无毛或疏生毛，箨环无毛，箨鞘无毛或疏生毛；竿不为紫黑色………水竹
11. 竹竿矮小，最高 1 米多，径约 0.5 厘米；竹腔无环状增厚髓………………鹅毛竹
11. 竹竿较高大，高 2 米以上，径约 1 厘米以上；竹腔有环状增厚髓………短穗竹
12. 竿高 1 米以下，纤细，径 1~2 毫米 ……………………………………………菲白竹
12. 竿高 1 米以上，径 5 毫米以上…………………………………………………………13
13. 竹竿分枝节部通常具 1 分枝，有时上部具 3 分枝……………………………………14

13. 竹竿分枝节部具 3~5 分枝……………………………………………………………苦竹
14. 竿高 3~5 米，分枝较竿细，叶片条状披针形；每小枝顶有 5~9 叶……………矢竹
14. 竿高 2 米以内，分枝与竿近相等，叶片长圆状披针形；每小枝顶有 1~3 叶……
……………………………………………………………………………………阔叶箬竹

孝顺竹 **Bambusa multiplex** (Lour.) Raeusch. ex Schult. et Schult. f.

形态特征 竿高 2~8 米，径 1~4 厘米，尾梢微弯；节间长 20~50 厘米，幼时薄被白粉及浅棕色小刺毛；分枝簇生。箨鞘厚纸质硬脆，早落，背面被白粉，无毛；箨耳极微小或无，边缘疏生繸毛；箨舌高 1~1.5 毫米，边缘呈不规则的短齿裂；箨叶直立，易脱落，狭三角形，背面被小刺毛，腹面粗糙。末级小枝具 5~12 叶；叶片披针形，长 4~16 厘米，背面密生短柔毛。笋期 6~9 月。

用途 竿材坚韧，可用于造纸，也可劈篾编织。姿态优美，可栽于庭园观赏或作绿篱。

生长习性 喜温暖湿润气候，宜生于湿润而排水良好的土壤上。

种质资源 分布于我国东南部至西南部，日本、越南也有。苏州各地常见栽培。凤尾竹（*Bambusa multiplex* ‘Fernleaf’）：竿丛密生，高 1~3 米，径 0.5~1 厘米，具叶小枝下垂，每小枝具 9~13 叶，叶片披针形，长 3~6.5 厘米，在苏州也多见种植。

阔叶箬竹 **Indocalamus latifolius** (Keng) McClure

形态特征 竿高 1~1.5 米，径 0.5~0.7 厘米；节间长 5~22 厘米，微被毛，节下有淡黄色粉质毛环。每节 1 分枝，上部稀 2 或 3 枝。箨鞘宿存，硬纸质，短于节间，背部常具棕色小刺毛，边缘具棕色纤毛；箨耳无，疏生短繸毛；箨舌截形，高 0.5~1 毫米，有纤毛；箨叶细小，线形或狭披针形。叶片长圆状披针形，长 10~45 厘米，宽 2~9 厘米，有显著小横脉，背面灰绿色，有微毛。笋期 4~5 月。

用途　竿可作毛笔管或竹筷，叶片可用于制作斗笠、船篷等防雨工具，也可用来包裹粽子。在庭园中，可栽作地被或与山石配植。

生长习性　喜光，稍耐阴；喜温暖湿润气候；较耐旱；自然生长于低山、丘陵向阳山坡和河岸。

种质资源　分布于华东、华中及广东、四川等地。苏州吴中区穹窿山（茅蓬坞紫楠林下）和三山岛、高新区大阳山等地有野生，也见于城市绿地和园林中种植。

黄槽竹 **Phyllostachys aureosulcata** McClure

形态特征　竿高达 9 米，径 4 厘米，竿基部有时数节作“之”字形折曲，新竿被白粉及柔毛；节间长达 39 厘米，分枝一侧的沟槽为黄色，其他部分为绿色或黄绿色；竿环高于箨环。箨鞘背部紫绿色，常有淡黄色纵条纹，散生褐色小斑点或无斑点，被白粉；箨耳宽镰刀形，具长缝毛；箨舌宽短，拱形或截形，紫色，边缘有纤毛；箨叶三角形至三角状披针形，直立或开展，或在竿下部的箨鞘上外翻，平直或有时呈波状。末级小枝具 2~3 叶；叶片长约 12 厘米。笋期 4 月中旬至 5 月上旬。

用途　竿色美丽，为优良的观赏竹。

生长习性　喜光；较耐寒；喜向阳、背风、空气湿润环境。

种质资源　分布于北京、浙江。苏州沧浪亭种植有本种的一个品种，金镶玉竹（*Phyllostachys aureosulcata* ‘Spectabilis’），其竿金黄色，具不规则的绿色纵条纹。

毛竹 **Phyllostachys edulis**（Carrière）J. Houz.

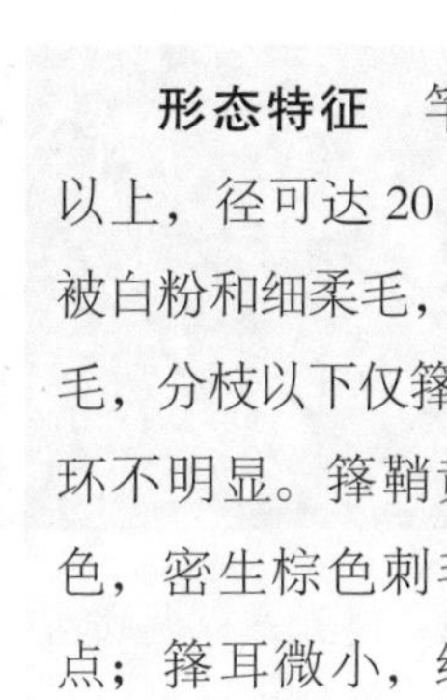

形态特征　竿高可达20米以上，径可达20厘米，幼竿密被白粉和细柔毛，箨环被脱落性毛，分枝以下仅箨环微隆起，竿环不明显。箨鞘黄褐色或紫褐色，密生棕色刺毛和黑褐色斑点；箨耳微小，繸毛发达；箨舌宽短。边缘具毛；箨叶较短，长三角形至披针形。末级小枝具2~4叶；叶片较小，披针形，长4~11厘米，宽0.5~4厘米。笋期4月，花期5~8月。

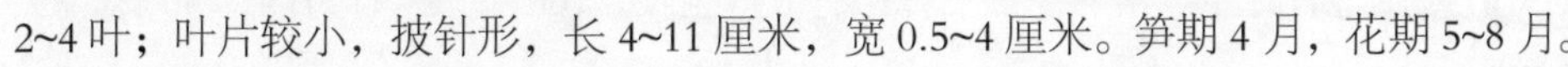

用途　为我国主要的笋用与材用竹种。冬季采挖于地面以下的笋为“冬笋”，春季长出地面的笋为“毛笋”，均可食用。

生长习性　喜温暖湿润气候，能耐极端最低温 −16.7℃，要求空气湿度较大；宜于深厚、肥沃、排水良好的酸性沙质壤土上生长。

种质资源　分布自秦岭、汉水流域至长江流域以南和台湾省，黄河流域也有多处栽培。苏州多数丘陵有生长，如吴中区穹窿山多个山坡有以毛竹为建群种的竹林。龟甲竹（*Phyllostachys edulis*‘Heterocycla’）为毛竹的一个品种，主要栽作观赏，其竿中部以下的节间呈不规则短缩肿胀，并相邻的节交互倾斜而于一侧彼此上下相接或近于相接，在沧浪亭有栽培。

水竹 **Phyllostachys heteroclada** Oliver

形态特征　竿高2~6米，径1~4厘米；新竿具白粉并疏生毛；竿环较平坦或较细的竿中明显高于箨环；分枝角度大，近于水平开展。箨鞘背面绿色无斑点，被白粉，边缘生白色或淡褐色纤毛；箨耳小，但明显可见；箨直立，狭三角形，绿色，边缘紫色，舟状。末级小枝具2叶，稀1或3叶；叶片披针形，长5.5~12.5厘米，宽1~1.7厘米，背面基部有毛。笋期5月。

用途　篾性好，可用于编织凉席、工艺品等；笋可食用。

生长习性 喜光；喜温暖湿润气候和肥沃、疏松和排水良好的土壤，不耐干旱瘠薄，也怕涝；自然生长于丘陵山地的向阳缓坡、河流两岸等。

种质资源 分布于长江流域及其以南各省，河南、陕西、山东等有栽培。苏州各处丘陵山地有野生。常熟虞山三峰路有成片生长，100 平方米样方内约 40 株，径 1~2 厘米。

紫竹 **Phyllostachys nigra**（Lodd. ex Lindl.）Munro

形态特征 竿高 4~8 米，径 2~5 厘米，新竿绿色，密被细毛和白粉，箨环有毛，一年生以后的竿逐渐先出现紫斑，最后全部变为紫黑色，无毛；竿环与箨环均隆起。箨鞘背面（淡）红褐，无斑点或带不易觉察的褐色斑点，密生褐色刺毛；箨耳发达，紫黑色，有缝毛；箨舌拱形，紫色，边缘有纤毛；箨叶三角形，绿色，但脉为紫色，舟状，直立或稍开展，微皱或波状。末级小枝具 2~3 叶。笋期 4 月下旬。

用途 优良的观赏竹种，竹材较坚韧，可用于制作手杖、伞柄、乐器及工艺品。

生长习性 速生。较耐阴；抗寒性较强，能耐 -20℃低温；对酸性至微碱性土壤均能适应，最宜酸性、肥沃、湿润的土壤，不耐旱，较耐水湿，但不能长期积水。

种质资源 原产我国，南北各地多有栽培。苏州各地多有栽培。

早园竹 **Phyllostachys propinqua** McClure

形态特征 秆高 6~9 米，径 3~5 厘米，新秆绿色，被白粉，无毛；秆环微隆起与箨环同高。箨鞘背面淡红褐色或黄褐色，具纵条纹和大小不等的紫褐色斑，无毛，亦无白粉；无箨耳及繸毛；箨舌淡褐色，拱形，边缘生短纤毛；箨叶披针形或线状披针形，绿色，背面带紫褐色，平直，外翻。末级小枝具 2~3 叶；叶片披针形或带状披针形，长 7~16 厘米，宽 1~2 厘米。笋期 4 月上旬开始。

用途 笋味微甜，是较好的笋用竹种；竹材篾性好，可供编织竹器。

生长习性 喜光；抗寒性较强，能耐短期 -20℃低温；宜生长在肥沃、疏松和排水良好的土壤上，但在轻碱土、沙土及低洼地也能生长。

种质资源 分布于河南、江苏、安徽、浙江、江西、福建、贵州、广西、湖北等省区。苏州有栽培。

桂竹 **Phyllostachys reticulata** (Rupr.) K. Koch

又名刚竹、五月季竹。

形态特征 秆高 7~20 米，径 3~15 厘米，新秆无毛，无白粉或被不易察觉的白粉，偶可在节下方具稍明显的白粉环；秆环稍高于箨环。箨鞘背面黄褐色，有时带绿色或

紫色，有较密的紫褐色斑块与小斑点和脉纹，疏生脱落性淡褐色直立刺毛；箨耳小或大而呈镰状，紫褐色，有时无箨耳，有或无缝毛；箨舌拱形，淡褐色或带绿色，边缘生纤毛；箨叶带状，平直或微皱，外翻。末级小枝具2~4叶；叶片长5.5~15厘米，宽1.5~2.5厘米。笋期5月下旬。

用途 本种竿粗大，竹材坚硬，篾性也好，为优良用材竹种。

生长习性 喜温暖湿润气候，抗寒性较强，能耐−18℃低温；宜生长在肥沃、疏松和排水良好的土壤上。

种质资源 分布于黄河流域及其以南各地。本种的观赏品种——金明竹（黄金间碧玉，*Phyllostachys reticulata*‘Castillonis’），其竿黄色，节间于分枝一侧之沟槽中常呈鲜绿色，在苏州沧浪亭有栽培。另一观赏品种——斑竹（湘妃竹，*P. reticulata*‘Lacrima-deae’），其竿有紫褐色斑块与斑点，分枝也有同样的斑点，在苏州白塘生态植物园等地有栽培。

乌哺鸡竹 **Phyllostachys vivax** McClure

形态特征 竿高5~15米，径4~10厘米；新竿绿色，节下具白粉环，无毛；老竿灰绿色至淡黄绿色，有较明显纵脊纹；竿环隆起，稍高于箨环。箨鞘背面密被黑褐色斑块和斑点，无毛，微具白粉；无箨耳及缕毛；箨舌弧形隆起，两侧明显下延，淡棕色至棕色，边缘具纤毛；箨叶带状披针形，强烈皱曲，外翻，边缘颜色较淡。末级小枝具2~3叶；叶片较长大而呈簇生状下垂，9~18厘米，宽1.2~2厘米。笋期4月中下旬。

用途　笋鲜美，为良好的笋用竹种；竹篾可编制篮、筐等。

生长习性　喜温暖湿润气候，稍耐寒；宜生长在肥沃、疏松和排水良好的土壤上。

种质资源　分布于江苏、浙江，河南有少量引种栽培。苏州有栽培，沧浪亭栽有本种的观赏品种——黄竿乌哺鸡竹（*Phyllostachys vivax* ‘Aureocaulis’），其竿黄色，并在竿的中下部偶有几个节间具一至数条绿色纵条纹。

苦竹 **Pleioblastus amarus**（Keng）keng f.

形态特征　竿高 3~5 米，径 1~2 厘米，幼时被白粉。每节分枝 3~5。箨鞘厚纸质至革质，被淡棕色刺毛，基部密生一圈棕色刺毛；箨耳微小，具直立棕色缝毛；箨舌截形；箨叶细长披针形，背面粗糙。小枝具 4~7 叶；叶片披针形，长 14~20 厘米，宽 1~2.8 厘米，背面微被毛。笋期 4 月中下旬。

用途　竹竿可作伞柄、竹制器、笔杆、筷子等。笋味苦，不能食用。常栽作庭园观赏。

生长习性　喜温暖湿润气候，较耐寒；丘陵山地及平地均可生长。

种质资源　分布长江流域以南及云南、贵州。苏州多数丘陵有野生。

菲白竹 **Pleioblastus fortunei**（Van Houtte ex Munro）Nakai

形态特征　竿高 10~80 厘米，径 1~2 毫米，光滑无毛；竿环较平坦或微有隆起；竿不分枝或每节仅分 1 枝。箨鞘宿存，无毛。小枝具 4~7 叶；叶片短小，披针形，长 6~15 厘米，宽 0.8~1.4 厘米，绿色而通常有黄色至白色的纵条纹，两面具白色柔毛，背

面尤密。

用途　植株低矮，宜作地被，也可用来制作盆景。

生长习性　耐阴性强，喜温暖湿润气候，宜生长在肥沃、疏松和排水良好的土壤上。

种质资源　原产日本，我国引种栽培。苏州白塘生态植物园、沧浪亭、苏州公园、苏州科技大学江枫校区等地有栽培。翠竹［*Pleioblastus pygmaeus*（Miq.）Nakai］：叶片翠绿色，无黄色条纹，两面无毛，在苏州公园等地有栽培，但在《Flora of China》(《中国植物志》英文版）中，本种不被承认，并入了菲白竹。

矢竹 **Pseudosasa japonica**（Siebold et Zucc.）Makino

形态特征　竿高 2~5 米，粗 0.5~2 厘米，节间长达 40 厘米，绿色，无毛；竿环较平坦。每节 1 分枝，近顶部可 3 分枝，枝先贴竿然后展开。箨鞘宿存，背面常密生刺毛；箨耳和繸毛无或小而不明显；箨舌圆拱形；箨叶线状披针形，无毛，全缘。每小枝具 5~9 叶。笋期 6 月。

用途　竿直而姿态优雅，是良好的庭园绿化与观赏竹种。

生长习性　喜光；喜温暖湿润气候，耐寒力强；宜生长在排水良好的土壤上。

种质资源　原产日本和朝鲜，我国江苏、上海、浙江、台湾、广东等省市有引种。苏州市南园、沧浪亭等处有栽培。

短穗竹 **Semiarundinaria densiflora** (Rendle) T. H. Wen

形态特征 秆高约2米，径达1厘米；新秆被倒向的白色细毛，老秆则无毛；节间腔内有环状增厚髓。箨鞘背面绿色，老则渐变黄色，无斑点，但有纵条纹，被稀疏刺毛，边缘生紫色纤毛；箨耳发达，大小和形状多变化，通常椭圆形，边缘具繸毛；箨舌呈拱形，褐棕色，边缘生极短的纤毛；箨叶披针形，绿色带紫色，平展，边缘外翻。每节通常分3枝，上举。末级小枝具(1)2~5叶；叶片长卵状披针形，背面灰绿色，有微毛；有明显的小横脉。笋期5~6月。

用途 秆可做钓鱼竿、鸡毛掸柄等；笋味略苦，不堪食用。

生长习性 喜光，稍耐阴；喜温暖湿润气候，不耐寒；自然生长于低海拔的平原和向阳山坡路边。

种质资源 特产于我国，分布于江苏、浙江、江西、安徽、湖北和广东等省区。苏州多数丘陵山地有野生，在山坡成片生长。

鹅毛竹 **Shibataea chinensis** Nakai

又名倭竹。

形态特征 秆高0.6~1米，径2~3毫米；秆下部不分枝的节间为圆筒形，秆上部具分枝的节间在接近分枝的一侧具沟槽；秆环显著隆起。每节分3~5枝。箨鞘纸质，早落，背部无毛，无斑点，边缘生短纤毛；箨舌发达；无箨耳及缕毛；箨叶小，锥状。每枝仅具 1 叶，偶有 2 叶；叶片卵状披针形，长 6~10 厘米，基部两侧不对称，两面无毛，叶缘有小锯齿。笋期 5~6 月。

用途 植株较低矮，可作地被，也可作绿篱。

生长习性 喜光，稍耐阴；喜温暖湿润气候；宜生于排水良好的土壤上。

种质资源 分布于江苏、安徽、江西、福建等省。苏州天平山、吴中区穹窿山等处有野生。

81. 棕榈科 Arecaceae

棕榈 **Trachycarpus fortunei**（Hook.f.）H.Wendl.

形态特征　常绿乔木，高 3~8 米。茎直立，不分枝，老叶鞘基纤维状，包被竿上。叶片圆扇形，有狭长皱折，掌裂至中部，裂片硬直，顶端 2 浅裂，老叶端顶往往下垂。花小，黄色，雌雄异株；萼片及花瓣均为卵形；雄蕊 6，花丝分离，花药短；柱头 3，常反曲。核果球形或长椭圆形，直径约 1 厘米。花期 5~6 月，果期 8~9 月。

用途　叶及叶鞘、苞片可制棕绳及编制用具；种子可供药用。树形优美，是庭园绿化的优良树种，为抗有毒气体（二氧化硫）较好的植物，可作净化大气污染的树种。

生长习性　生长较缓。喜光，较耐阴；喜温暖湿润气候，较耐寒；喜肥沃、湿润而排水良好的土壤，在中性、石灰质和微酸性土壤上均能生长，耐轻度盐碱，也能耐一定的干旱或水湿。

种质资源　分布于长江以南各省区。苏州各地多见栽培。

82. 百合科 Liliaceae

（在 APG III 系统中，菝葜和小果菝葜归属于菝葜科 Smilacaceae，
凤尾兰归属于天门冬科 Asparagaceae）

百合科分种检索表

1. 攀缘灌木，叶卵形，椭圆形或近圆形……………………………………………2
1. 直立灌木，叶剑形……………………………………………………………凤尾兰
2. 叶椭圆状卵形，卵形或椭圆形，根状茎粗厚，为不规则的块状………………菝葜
2. 叶近圆形或圆卵形，地下茎粗短块状…………………………………小果菝葜

菝葜 **Smilax china** Linn.

形态特征　落叶攀缘灌木。根茎横走，竹鞭状，较粗厚，呈不规则弯曲，疏生坚硬须根。茎上疏生倒钩状刺，有卷须。叶互生，革质，卵形，卵圆形或椭圆形，长3~10厘米，宽1.5~6厘米，基部宽楔形至心形；老枝上叶片长达15厘米，宽达14厘米。花单性异株；伞形花序；花被片黄绿色，反卷。浆果红色。花期4~5月，果期8~10月。

用途　根状茎富含淀粉和鞣质，可入药。

生长习性　耐半阴，喜温暖气候，自然生长于山坡林下、灌丛中、路旁。

种质资源　分布于华东、中南及西南地区，朝鲜、日本也有。苏州各处山地均有野生。本种尚未见栽培，其叶形和果实均美观，可开发为庭园观赏植物。

小果菝葜 **Smilax davidiana** A. DC.

形态特征　落叶攀缘灌木，具粗短的根状茎。茎具疏刺，有卷须。叶坚纸质，干后红褐色，通常椭圆形，长3~7厘米，宽2~4.5厘米，先端微凸或短渐尖，基部楔形或圆形。花单性异株，伞形花序，花绿黄色。浆果直径5~7毫米，暗红色。花期 3~4 月，果期 10~11 月。

用途 根状茎可入药。

生长习性 耐半阴，喜温暖气候，自然生长于林下、灌丛中或山坡、路边。

种质资源 分布于江苏南部、安徽南部、江西、浙江、福建、广东北部至东部、广西东北部，越南、老挝、泰国也有。

本种叶形美，秋叶红或棕红色，果实成熟时红色，可开发为庭园观赏植物。

凤尾兰 *Yucca gloriosa* Linn.

形态特征 常绿灌木，茎较短。叶密集排列枝顶，坚硬，剑形，长 50~70 厘米，顶端硬尖，全缘，老叶有时有少量丝状纤维。圆锥花序，花莛高大而粗壮，高可达 1 米；花钟状，大而下垂，白色；花被片 6；雄蕊 6；花柱短，柱头 3。花期 6~10 月。

用途 常年绿色，花色洁白，形如垂铃，叶形如剑，是良好的观赏植物。

生长习性 喜光；较耐寒；喜排水良好的沙质壤土，但也较耐水湿。在我国，由于没有为其传粉的昆虫，所以在自然状态下不结果。

种质资源 原产北美东部及东南部，我国长江流域各地引种栽培。苏州各地多见栽培。

树种图片拍摄地点一览表

编号	树种	拍摄地点	编号	树种	拍摄地点
1	银杏	定慧寺	21	侧柏	大阳山植物园
2	雪松	东园	22	竹柏	桐泾公园 / 白塘生态植物园
3	白皮松	拙政园	23	罗汉松	东山灵源寺
4	湿地松	常熟虞山三峰寺	24	榧树	大阳山植物园
5	马尾松	大阳山	25	垂柳	上方山渔村
6	日本五针松	常熟虞山国家森林公园	26	腺柳	运河公园
7	黑松	留园 / 大阳山	27	杞柳	白塘生态植物园
8	金钱松	桐泾公园 / 大阳山	28	杨梅	东山岭下
9	日本柳杉	白塘生态植物园	29	化香树	穹窿山御道
10	柳杉	昆山亭林公园	30	枫杨	苏州上方山国家森林公园
11	水松	吴江苗圃	31	江南桤木	虎丘湿地公园
12	水杉	工业园区阳澄湖半岛	32	板栗	东山灵源寺
13	北美红杉	常熟虞山国家森林公园	33	苦槠	昆山市淀山湖镇
14	落羽杉	迎风桥巷 4 号（原苏州一光厂）	34	青冈	花山 / 天平山
15	池杉	苏州同里国家湿地公园 / 尚湖湿地公园	35	石栎	三山岛
16	墨西哥落羽杉	吴江苗圃	36	麻栎	穹窿山茅蓬坞
17	日本花柏	高新区虹越园艺	37	白栎	穹窿山宁邦寺
18	圆柏	光福圣恩寺 / 常熟虞山三峰寺	38	柳叶栎	常熟虞山宝岩观光园
19	刺柏	常熟虞山国家森林公园	39	短柄枹栎	穹窿山
20	北美圆柏	高新区虹越园艺	40	栓皮栎	穹窿山

续表

编号	树种	拍摄地点	编号	树种	拍摄地点
41	糙叶树	大阳山植物园	64	亚美马褂木	苏州公园 / 桐泾公园
42	紫弹树	灵岩山	65	天目木兰	光福苗圃引种地
43	珊瑚朴	虎丘湿地公园	66	望春玉兰	东山雕花楼
44	朴树	吴中区金庭镇后堡村	67	玉兰	东山紫金庵
45	青檀	相城区 中国花卉植物园	68	荷花玉兰	昆山亭林公园
46	榔榆	虎丘山	69	紫玉兰	道前街 170 号
47	榆树	虎丘山	70	凹叶厚朴	白塘生态植物园
48	榉树	天平山	71	二乔玉兰	苏州市国家安全局
49	光叶榉	天池山	72	乐昌含笑	桐泾公园
50	楮	张家港香山	73	含笑	南园宾馆
51	构树	苏州同里 国家湿地公园	74	黄心夜合	工业园区中央公园
52	无花果	大阳山植物园	75	深山含笑	解放东路
53	薜荔	苏州大学	76	红毒茴	常熟市虞山林场
54	爬藤榕	花山	77	红茴香	东山雕花楼
55	柘	穹窿山	78	蜡梅	留园 / 吴江汾湖镇黎星村
56	桑	相城区中国花卉 植物园 / 吴江七都	79	樟树	西山古樟园
57	女萎	大阳山	80	月桂	艺圃
58	威灵仙	西山缥缈峰	81	狭叶山胡椒	常熟市虞山林场
59	山木通	西山缥缈峰	82	山胡椒	穹窿山
60	牡丹	天平山	83	红脉钓樟	穹窿山宁邦寺
61	木通	穹窿山	84	山鸡椒	常熟市虞山林场
62	木防己	穹窿山	85	浙江楠	沧浪区带城桥下塘 4 号
63	千金藤	穹窿山	86	紫楠	穹窿山

续表

编号	树种	拍摄地点	编号	树种	拍摄地点
87	檫树	灵岩山	109	木瓜	拙政园
88	绣球	拙政园	110	皱皮木瓜	大阳山植物园
89	圆锥绣球	大阳山植物园	111	野山楂	穹窿山
90	海桐	彩香新村	112	枇杷	东山 / 金庭
91	蚊母树	虎丘	113	白鹃梅	穹窿山
92	牛鼻栓	穹窿山茅蓬坞	114	棣棠花	穹窿山
93	金缕梅	白塘生态植物园	115	垂丝海棠	桐泾公园
94	枫香	天平山	116	湖北海棠	虎丘湿地公园 / 穹窿山
95	檵木	穹窿山	117	海棠花	苏州公园 / 留园
96	红花檵木	相城区中国花卉植物园	118	西府海棠	虎丘湿地公园 / 苏州公园
97	银缕梅	白塘生态植物园 / 常熟市虞山林场	119	小叶石楠	上方山
98	杜仲	昆山千灯镇	120	石楠	桐泾公园 / 天池山
99	二球悬铃木	苏州市第五中学 / 人民路旁	121	红叶石楠	虎丘湿地公园 / 苏州太湖国家湿地公园
100	桃	穹窿山 / 上方山	122	无毛风箱果	白塘生态植物园
101	梅	虎丘 / 吴中香雪海森林公园	123	紫叶李	上方山
102	杏	上方山	124	李	上方山
103	郁李	上方山	125	火棘	虎丘湿地公园
104	樱桃	桐泾公园	126	杜梨	昆山千灯镇
105	山樱花	穹窿山	127	沙梨	树山村
106	日本晚樱	运河公园	128	木香花	拙政园
107	东京樱花	上方山	129	小果蔷薇	穹窿山
108	毛叶木瓜	白塘生态植物园	130	金樱子	穹窿山

续表

编号	树种	拍摄地点	编号	树种	拍摄地点
131	野蔷薇	穹窿山	154	阴山胡枝子	花山
132	玫瑰	太仓蒋恩钿月季公园	155	细梗胡枝子	穹窿山
133	寒莓	穹窿山	156	常春油麻藤	上方山
134	掌叶覆盆子	穹窿山	157	红豆树	张家港凤凰镇支山村
135	山莓	光福官山	158	刺槐	常熟虞山 国家森林公园
136	蓬蘽	穹窿山	159	槐	虎丘湿地公园 / 苏州博物馆
137	茅莓	穹窿山	160	紫藤	苏州博物馆 / 苏州一中 / 亭林公园
138	中华绣线菊	大阳山	161	香园	常熟海虞镇
139	粉花绣线菊	上方山	162	柚	沧浪亭
140	合欢	太仓道路边	163	柑橘	岱松岛
141	山槐	天池山	164	酸橙	吴江七都
142	云实	天池山	165	臭常山	穹窿山
143	网络崖豆藤	天平山	166	枳	苏州同里 国家湿地公园
144	杭子梢	天平山	167	竹叶花椒	光福谭西村石壁寺
145	锦鸡儿	虎丘	168	青花椒	大阳山浴日亭
146	紫荆	相城区中国花卉植物园	169	臭椿	大阳山山脚村庄
147	黄檀	常熟虞山	170	楝	干将路干将桥 / 苏州市沧浪实验小学
148	皂荚	相城区中国花卉植物园	171	香椿	光福潭东
149	华东木蓝	穹窿山	172	山麻杆	留园
150	马棘	张家港香山	173	重阳木	司前街
151	绿叶胡枝子	穹窿山	174	一叶萩	张家港香山
152	截叶铁扫帚	漫山岛 / 张家港香山	175	算盘子	三山岛
153	美丽胡枝子	大阳山半山亭	176	白背叶	大阳山

续表

编号	树种	拍摄地点	编号	树种	拍摄地点
177	石岩枫	穹窿山	200	色木槭	阊门饭店
178	油桐	常熟虞山	201	苦茶槭	上方山
179	乌桕	穹窿山	202	七叶树	白塘生态植物园
180	黄杨	拙政园	198	梣叶槭	白塘生态植物园
181	雀舌黄杨	虎丘湿地公园	199	鸡爪槭	常熟虞山国家森林公园 / 虎丘
182	南酸枣	虞山宝岩观光园	200	色木槭	阊门饭店
183	黄连木	白塘生态植物园	201	苦茶槭	上方山
184	盐肤木	常熟虞山	202	七叶树	白塘生态植物园
185	木蜡树	穹窿山	203	复羽叶栾树	吴中区学府路
186	冬青	常熟虞山	204	无患子	苏州公园
187	枸骨	仓街蕴秀园 / 图书馆附近民宅	205	红柴枝	穹窿山
188	齿叶冬青	虎丘湿地公园	206	枳椇	艺圃
189	大叶冬青	桐泾公园	207	猫乳	漫山岛 / 常熟虞山
190	南蛇藤	穹窿山	208	长叶冻绿	大阳山凤凰寺
191	卫矛	常熟虞山	209	圆叶鼠李	三山岛
192	扶芳藤	张家港香山	210	雀梅藤	三山岛
193	冬青卫矛	彩香新村	211	枣	三山岛
194	白杜	大阳山植物园 / 吴江七都	212	爬山虎	苏州大学本部
195	野鸦椿	常熟虞山	213	蘡薁	张家港香山
196	三角槭	虎丘	214	葡萄	太仓市电站村
197	羽扇槭	白塘生态植物园	215	杜英	虎丘湿地公园 / 苏州太湖国家湿地公园
198	梣叶槭	白塘生态植物园	216	扁担杆	穹窿山
199	鸡爪槭	常熟虞山国家森林公园 / 虎丘	217	南京椴	穹窿山孙武苑

续表

编号	树种	拍摄地点	编号	树种	拍摄地点
218	海滨木槿	虎丘湿地公园	241	喜树	太仓人民公园
219	木芙蓉	桐泾公园	242	八角枫	白马涧 / 穹窿山
220	木槿	白塘生态植物园	243	黄金香柳	亭林公园
221	梧桐	三山岛	244	楤木	漫山岛
222	山茶	苏州市社保局培训中心 / 怡园	245	八角金盘	大阳山植物园
223	茶梅	桐泾公园	246	常春藤	常熟虞山
224	茶	东山	247	中华常春藤	大阳山
225	单体红山茶	沧浪亭	248	刺楸	常熟虞山
226	格药柃	穹窿山	249	熊掌木	虎丘湿地公园
227	木荷	光福官山岭	250	青木	苏州科技学院
228	厚皮香	苏州科技学院	251	红瑞木	白塘生态植物园
229	金丝桃	上方山	252	灯台树	大阳山植物园
230	金丝梅	白塘生态植物园	253	山茱萸	七子山
231	柽柳	西塘河	254	光皮树	白塘生态植物园
232	柞木	大阳山	255	毛鹃	相城区中国花卉植物园
233	芫花	花山	256	满山红	穹窿山
234	结香	虎丘山	257	羊踯躅	常熟虞山三峰寺
235	佘山胡颓子	吴江松陵实验小学	258	映山红	穹窿山
236	胡颓子	虎丘	259	南烛	穹窿山
237	牛奶子	张家港香山	260	紫金牛	穹窿山
238	石榴	白塘生态植物园 / 南园宾馆	261	瓶兰花	常熟翁府
239	紫薇	南园宾馆	262	乌柿	大阳山植物园
240	南紫薇	白塘生态植物园	263	柿	留园 / 张家港凤凰镇

续表

编号	树种	拍摄地点	编号	树种	拍摄地点
264	野柿	常熟虞山	287	蔓长春花	大阳山植物园
265	油柿	昆山淀山湖镇	288	厚壳树	凤凰街
266	老鸦柿	大阳山	289	华紫珠	穹窿山茅蓬坞
267	白檀	常熟虞山	290	大青	光福邓尉山
268	光亮山矾	穹窿山	291	海州常山	上方山
269	垂珠花	穹窿山	292	牡荆	大阳山
270	流苏	相城区中国花卉植物园	293	枸杞	西山明月湾
271	金钟花	苏州公园	294	毛泡桐	平家巷
272	白蜡树	张家港暨阳湖省级湿地公园	295	凌霄	拙政园
273	对节白蜡	昆山千灯镇	296	厚萼凌霄	常熟医院
274	云南黄馨	虎丘湿地公园	297	楸	苏州市文庙
275	迎春花	虎丘湿地公园	298	梓	太仓市人民公园
276	日本女贞	虎丘湿地公园	299	黄金树	苏州市农校
277	女贞	彩香新村 / 大阳山植物园	300	栀子	大阳山植物园
278	小叶女贞	穹窿山	301	六月雪	虎丘湿地公园
279	小蜡	留园街道硕房庄社区	302	白马骨	天池山
280	金叶女贞	苏州科技学院	303	接骨木	常熟虞山
281	桂花	光福	304	荚蒾	穹窿山
282	柊树	白塘生态植物园	305	绣球荚蒾	虎丘湿地公园
283	紫丁香	鹤园 / 白塘生态植物园	306	琼花	虎丘湿地公园
284	大叶醉鱼草	苏州公园	307	日本珊瑚树	上方山
285	夹竹桃	胥口水闸	308	粉团	虎丘湿地公园
286	络石	穹窿山	309	地中海荚蒾	白塘生态植物园

续表

编号	树种	拍摄地点	编号	树种	拍摄地点
310	海仙花	白塘生态植物园	320	阔叶箬竹	沧浪亭
311	锦带花	白塘生态植物园	321	黄槽竹	沧浪亭
312	忍冬	花山	322	毛竹	穹窿山
313	金银忍冬	苏州科技大学	323	水竹	常熟虞山三峰寺
314	大花糯米条	虎丘湿地公园	324	紫竹	沧浪亭
315	日本小檗	彩香新村	325	早园竹	白塘生态植物园
316	阔叶十大功劳	穹窿山	326	桂竹	沧浪亭
317	十大功劳	白塘生态植物园 / 桐泾公园	327	苦竹	天平山
318	南天竹	桐泾公园	328	乌哺鸡竹	沧浪亭
319	孝顺竹	沧浪亭	329	菲白竹	留园

A

B

C

D

E

F

G

H

J

K

L

M

N

P

Q

R

S

T

W

X

Y

Z

图书在版编目（CIP）数据

苏州市林木种质资源树种图谱/苏州市农业委员会编. —上海：文汇出版社，2016.4

ISBN 978-7-5496-1292-5

Ⅰ.①苏… Ⅱ.①苏… Ⅲ. ①林木－种质资源－苏州市－图谱 Ⅳ. ①S722-64

中国版本图书馆CIP数据核字（2016）第038242号

苏州市林木种质资源树种图谱（上、下）

编　　者 / 苏州市农业委员会
责任编辑 / 李　蓓
装帧设计 / 周　丹

出版发行 / 文匯出版社
上海市威海路755号
（邮政编码200041）
印刷装订 / 苏州市大元印务有限公司
版　　次 / 2016年12月第1版
印　　次 / 2016年12月第1次印刷
开　　本 / 787×1092　1/16
字　　数 / 200千
印　　张 / 27

ISBN 978-7-5496-1292-5
定　　价 / 198.00元（全二册）